酒吧里的威士忌课

The First Book of Tasting Whisky
The Guide of Tasting Whisky for Beginners

〔日〕古谷三敏 著　　〔日〕千叶万希子 译

天津出版传媒集团

天津人民出版社

目录

开始 **学习威士忌的入门知识** —— 8

STEP1 **威士忌的基本知识** —— 10

STEP2 **五大产地的特征** —— 12

STEP3 **选择今晚的一杯** —— 14

威士忌专栏 **威士忌是"生命之水"** —— 16

第1章 苏格兰单一麦芽威士忌
鲜明的个性,丰富的口感

苏格兰威士忌的分类 **大名鼎鼎的苏格兰威士忌**
单一麦芽与调和威士忌的区别 —— 18

单一麦芽是什么? **单一麦芽是纯洁灵魂的所在** 寻找适合自己的味道 —— 20

斯贝塞产区 **雅伯莱(Aberlour)** 好酒无需加冰饮用就很美味 —— 22

斯贝塞产区 **百富(The Balvenie)**
代表性的琥珀色酒体和时尚酒标 —— 24

斯贝塞产区 **克莱根摩(Cragganmore)**
斯贝塞的特色都凝聚其中 —— 26

斯贝塞产区	**格兰花格（Glenfarclas）**	斯贝塞人气前三的威士忌 —— 28
斯贝塞产区	**格兰菲迪（Glenfiddich）**	世界销量第一的单一麦芽威士忌先驱 —— 30
斯贝塞产区	**格兰威特（The Glenlivet）**	口感辛辣浓烈的"苏格兰威士忌之父" —— 32
斯贝塞产区	**麦卡伦（The Macallan）**	苏格兰高地威士忌中的"劳斯莱斯" —— 34
斯贝塞产区	**斯特拉塞斯拉（Strathisla）**	酿造于"水精灵之泉"的甘甜美酒 —— 36
斯贝塞产区	**其他斯贝塞威士忌品牌**	丰富的芳香散发无限魅力 —— 38
高地产区	**大摩（Dalmore）**	深邃而多变的复杂口感与雪茄最配 —— 40
高地产区	**格兰杰（Glenmorangie）**	淡雅的花果香深受女性喜爱 —— 42
高地产区	**皇家蓝勋（Royal Lochnagar）**	维多利亚女王的最爱 —— 44
艾雷岛产区	**阿贝（Ardbeg）**	强烈的泥煤烟熏风味让人越喝越过瘾 —— 46
艾雷岛产区	**波摩（Bowmore）**	艾雷岛入门级威士忌 —— 48
艾雷岛产区	**拉加维林（Lagavulin）**	柔和的口感与辛辣的刺激完美融合 —— 50
艾雷岛产区	**拉弗格（Laphroaig）**	查尔斯王子最钟爱的威士忌 —— 52
坎贝尔敦产区	**云顶（Springbank）**	打开它，空气中都弥漫着甜甜的香气 —— 54
低地产区	**欧肯特轩（Auchentoshan）**	三次蒸馏打造圆润口感和轻柔酒体 —— 56
苏格兰岛屿产区	**高原骑士（Highland Park）**	融合威士忌的所有经典特性 —— 58
苏格兰岛屿产区	**泰斯卡（Talisker）**	硬汉的标配 —— 60
装瓶	**原厂装瓶与独立装瓶**	名称一样却各具特色 —— 62

威士忌专栏　在酒厂工作的猫司令 —— 66

第2章　苏格兰调和威士忌与爱尔兰威士忌
平衡感强，风格截然不同

什么是"调和"？　调和威士忌如同艺术作品　酒香交织成的交响曲 —— 68

苏格兰　**百龄坛**（Ballantine's）　数十种基酒调和出浓郁芳香 —— 70

苏格兰　**芝华士**（Chivas Regal）　19世纪以来代代相传的"皇家之酒" —— 72

苏格兰　**顺风**（Cutty Sark）　"帆船"威士忌，麦芽香韵回味悠长 —— 74

苏格兰　**威雀**（The Famous Grouse）　苏格兰国鸟展翅高飞 —— 76

苏格兰　**格兰**（Grant's）　家族五代传承，守护最原始的味道 —— 78

苏格兰　**珍宝**（J&B）　容易入口的苏格兰威士忌，销量位居世界第二 —— 80

苏格兰　**尊尼获加**（Johnnie Walker）　引领世界潮流的威士忌品牌 —— 82

苏格兰　**老伯威**（Old Parr）　经典品质从未改变 —— 84

苏格兰　**皇室家族**（Royal Household）　全世界只有三个地方可以喝到 —— 86

苏格兰　**白马**（White Horse）　独具调酒师个人色彩的调和威士忌 —— 88

苏格兰　**双狮**（Whyte & Mackay）
　　　　二次酿造工艺使得口感顺滑，酒体强劲 —— 90

品牌定制 **登喜路（Dunhill）** 绅士主义的完美体现 —— 92

爱尔兰威士忌的分类 **芳香四溢的爱尔兰威士忌**
香气馥郁，坚守传统酿造方式 —— 94

爱尔兰 **布什米尔酒厂（Bushmills）**
爱尔兰最古老的威士忌酒厂，单一与调和式同产 —— 96

爱尔兰 **米德尔顿酒厂（Midleton）** 世界最大的罐式蒸馏器，打造上等名品 —— 98

爱尔兰 **库力酒厂（Cooley）** 工艺独特，象征爱尔兰威士忌的复兴 —— 100

威士忌专栏 **品尝苏格兰威士忌与传统美食** —— 102

第3章 美国威士忌与加拿大威士忌
强劲的口感与温柔的香气各具特色

美国威士忌的分类 **男人专属的美国威士忌** 拓荒精神开启威士忌全新大门 —— 104

波本 **布兰顿（Blanton）** 特色瓶盖让人过目难忘 —— 106

波本 **布克斯（Booker's）** 文雅的标签手写文字体现品牌自信 —— 108

波本 **时代（Early Times）** 口味轻甜，备受女性青睐 —— 110

波本 **爱威廉斯（Evan Williams）** 还有陈酿超过20年的波本？ —— 112

波本 **四玫瑰（Four Roses）** "无刺玫瑰"般的丝滑享受 —— 114

波本 **哈帕（I. W. Harper）** 清甜口感的秘诀在于玉米含量超过80% —— 116

波本	占边（Jim Beam）	口感清爽，是全球最受欢迎的波本威士忌 —— 118
波本	美格（Maker's Mark）	红色蜡签突显手工制造与品牌魅力 —— 120
波本	老林务官（Old Forester）	顶级香味彰显正统派波本 —— 122
波本	威凤凰（Wild Turkey）	雄厚又浓郁的味道 —— 124
田纳西	杰克·丹尼（Jack Daniel's）	既是波本，又不是波本 —— 126
加拿大威士忌的分类	柔和的加拿大威士忌	品尝清淡的别致风味 —— 128
加拿大	加拿大俱乐部（Canadian Club）	拥有"C.C."爱称的威士忌 —— 130
加拿大	皇冠（Crown Royal）	献给英国国王的上等威士忌 —— 132
威士忌专栏	苏格兰与波本的国际象棋对决 —— 134

第4章 日本威士忌
精湛的酿造工艺与改良的日式风味

日本威士忌的分类 **香气持久、精致细腻的日本威士忌**
　　　　　　　　　　　对苏格兰威士忌的独特创新 —— 136

三得利	山崎	日本麦芽威士忌的代表，香味浓郁、回味无穷 —— 138
三得利	白州	源于日本南阿尔卑斯，带来山的味道 —— 140
三得利	托利斯（Torys）	引发二战后日本的洋酒风潮 —— 142

三得利 **角瓶** 人气经久不衰竟是因为酒瓶上的龟甲纹路？—— 144

三得利 **響** 享誉世界的"日本威士忌最高峰"—— 146

一甲 **余市** 追求苏格兰威士忌的极致口感 —— 148

一甲 **黑标一甲** 资深调配师也赞赏的轻盈口感 —— 150

一甲 **鹤** 瓶身豪华靓丽,是馈赠佳品 —— 152

美露香 **轻井泽** 在避暑胜地缓缓陈酿成的美酒 —— 154

麒麟 **永恒(Evermore)** 富士山伏流水酿造,酒液透明,芬香迷人 —— 156

威士忌专栏 世界威士忌之旅 —— 158

第5章 威士忌基础知识酿造与饮用
一直饮威士忌固然好,偶尔品尝鸡尾酒也不错

如何酿造威士忌① **制造威士忌麦芽** 向专门的制造商订制 —— 160

如何酿造威士忌② **糖化和发酵** 大麦汁发酵为酒精,接触空气令酒体更加轻盈 —— 162

如何酿造威士忌③ **蒸馏** 不同于啤酒,威士忌独有的蒸馏工艺 —— 164

如何酿造威士忌④ **陈酿** 在木桶中沉睡时,酒液会慢慢变成琥珀色 —— 166

如何酿造威士忌⑤ **调配和装瓶** 让美酒成为艺术品的关键时刻 —— 168

饮用方法推荐	**四种基本的饮用方法**	越简单，越讲究 —— 170
冰和水	**做一杯美味的兑饮威士忌**	小小的细节决定了味道的优劣 —— 174
酒杯	**酒杯改变风味**	接触口唇的位置杯体越薄，口感越顺滑 —— 176
酒吧	**成为酒吧里的优雅酒客**	在吧台要做绅士淑女 —— 178
鸡尾酒①	**短饮款鸡尾酒**	保持低温，尽快饮用 —— 180
鸡尾酒②	**长饮款鸡尾酒**	放慢节奏，品味悠缓的乐趣 —— 182

结束语 —— 184

索引 —— 186

参考资料 —— 189

开始

学习威士忌的入门知识

太阳下山后,在街灯下的柠檬之心酒吧里,充满人情味的店长在无数名酒的陪伴下等待着客人的光临。

(小松是一名自由撰稿人。下一篇连载要写关于威士忌的文章。
虽然小松是柠檬之心酒吧的常客,但是他对酒的知识一无所知。
所以小松决定找店长临时抱佛脚。)

STEP 1

STEP 1

威士忌的基本知识

首先来了解威士忌的四个要点。这些威士忌的必备知识,其实很多人都不知道。现在就和小松一起学习吧。

1. 威士忌的原料是谷物

Q：店长,威士忌是用什么做成的?

A：是用大麦等谷物原料酿成的。

威士忌主要以二棱大麦等谷物为原料。除此之外,原料还可能有玉米、小麦等粮食作物。

2. 威士忌是蒸馏酒

Q：啤酒也是用大麦做的,为什么威士忌不像啤酒那样,有泡沫和气泡呢?

A：啤酒和威士忌的区别在于是否蒸馏。

啤酒、红酒、日本清酒均为原料经过发酵处理的酿造酒。而把酿造酒以蒸馏的方式提高酒精度,提炼出来的酒液称为蒸馏酒。除了威士忌之外,琴酒（Gin）和伏特加（Vodka）也是蒸馏酒。

3. 威士忌的特征是经过陈酿

Q： 琴酒和伏特加的酒液是无色透明的。为什么威士忌是琥珀色的呢？

A： 经过蒸馏后的酒液是无色透明的，在木桶中进行陈酿吸收后就会变色。

琴酒和伏特加同是蒸馏酒，但威士忌在木桶中进行陈酿，经过吸收橡木桶中的颜色，逐步变成琥珀色。与威士忌类似的白兰地，其葡萄酒原料经过蒸馏后，在木桶中进行陈酿同样会变成琥珀色。

4. 苏格兰威士忌、波本都可统称为威士忌

Q： 在这家店里似乎没人说"给我来一杯威士忌"，威士忌不受欢迎吗？

A： "威士忌"是所有以谷物为原料酿造的蒸馏酒的统称。

"来杯苏格兰威士忌""给我一杯波本"都是在说威士忌。威士忌根据原产国分为五大类。（产地详细信息见下一页）

STEP 2 ➡

STEP 2

五大产地的特征

苏格兰威士忌

可以被称为"苏格兰威士忌（Scotch）"的，只有在苏格兰酿造的威士忌，带有典型的烟熏味和复杂的芳香。

见本书第1、2章（第18~93页）

爱尔兰威士忌

爱尔兰比苏格兰更早酿造威士忌。相比苏格兰威士忌，爱尔兰威士忌保留了原始的酿造工艺，酒精浓度更高，口感愈加绵长柔润，没有苏格兰威士忌的烟熏味道。

见本书第2章（第94~101页）

威士忌在世界各地都很受欢迎，但能够酿造它的地区是有限的。全世界大概 95% 的威士忌都来自五个地区。不同国家酿造的威士忌各有千秋，各具风味。找到自己喜欢的种类，会让品酒的过程更加愉快。

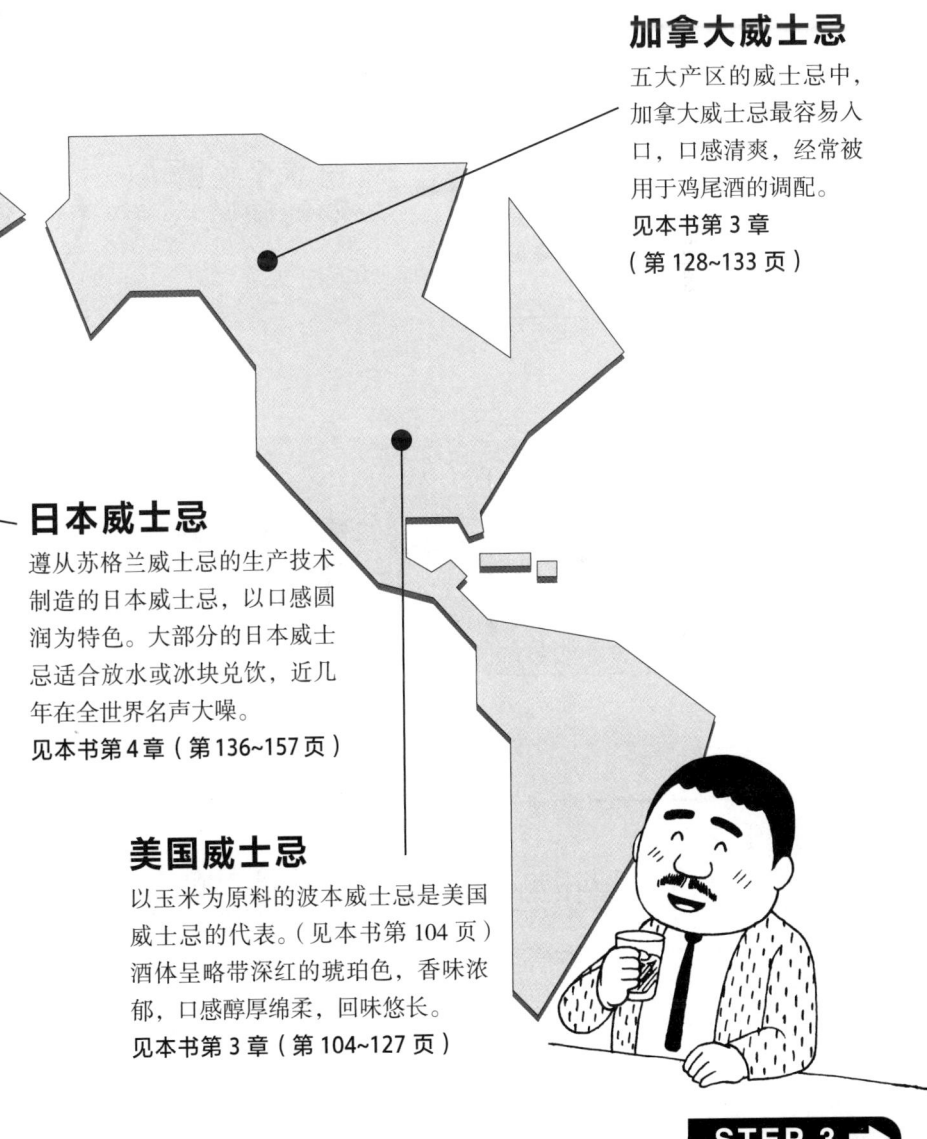

加拿大威士忌

五大产区的威士忌中，加拿大威士忌最容易入口，口感清爽，经常被用于鸡尾酒的调配。
见本书第 3 章
（第 128~133 页）

日本威士忌

遵从苏格兰威士忌的生产技术制造的日本威士忌，以口感圆润为特色。大部分的日本威士忌适合放水或冰块兑饮，近几年在全世界名声大噪。
见本书第 4 章（第 136~157 页）

美国威士忌

以玉米为原料的波本威士忌是美国威士忌的代表。（见本书第 104 页）酒体呈略带深红的琥珀色，香味浓郁，口感醇厚绵柔，回味悠长。
见本书第 3 章（第 104~127 页）

STEP 3

STEP 3

选择今晚的一杯

了解威士忌最好的方法就是多去尝试不同种类的威士忌。根据不同的产地、原料、制造方法、陈酿程度，慢慢会体会到其中的不同之处。初学者不必拘泥一种类型，尝试多种多样的类型后，就会摸索出自己最喜欢的一款威士忌。

苏格兰单一麦芽威士忌

香味的选择区域极其丰富，可以满足想要与众不同的爱好者的需求。对讲究品位的资深威士忌爱好者也是不错的选择。（见本书第18页）

◀ **喜欢个性鲜明的味道**

苏格兰调和威士忌

作为最早的海外特产，风靡一时的高级洋酒，其中不乏老伯威、芝华士等耳熟能详的品牌。品尝它，定能够领略厚重的酒体与极具平衡感之美。（见本书第68页）

◀ **想从经典款开始**

美国威士忌

味道刚烈强劲，常被称为"男人酒"。浓烈的酒精下，口感醇厚带甜，让人无法自拔。（见本书第104页）

◀ **偏爱属于硬汉的味道**

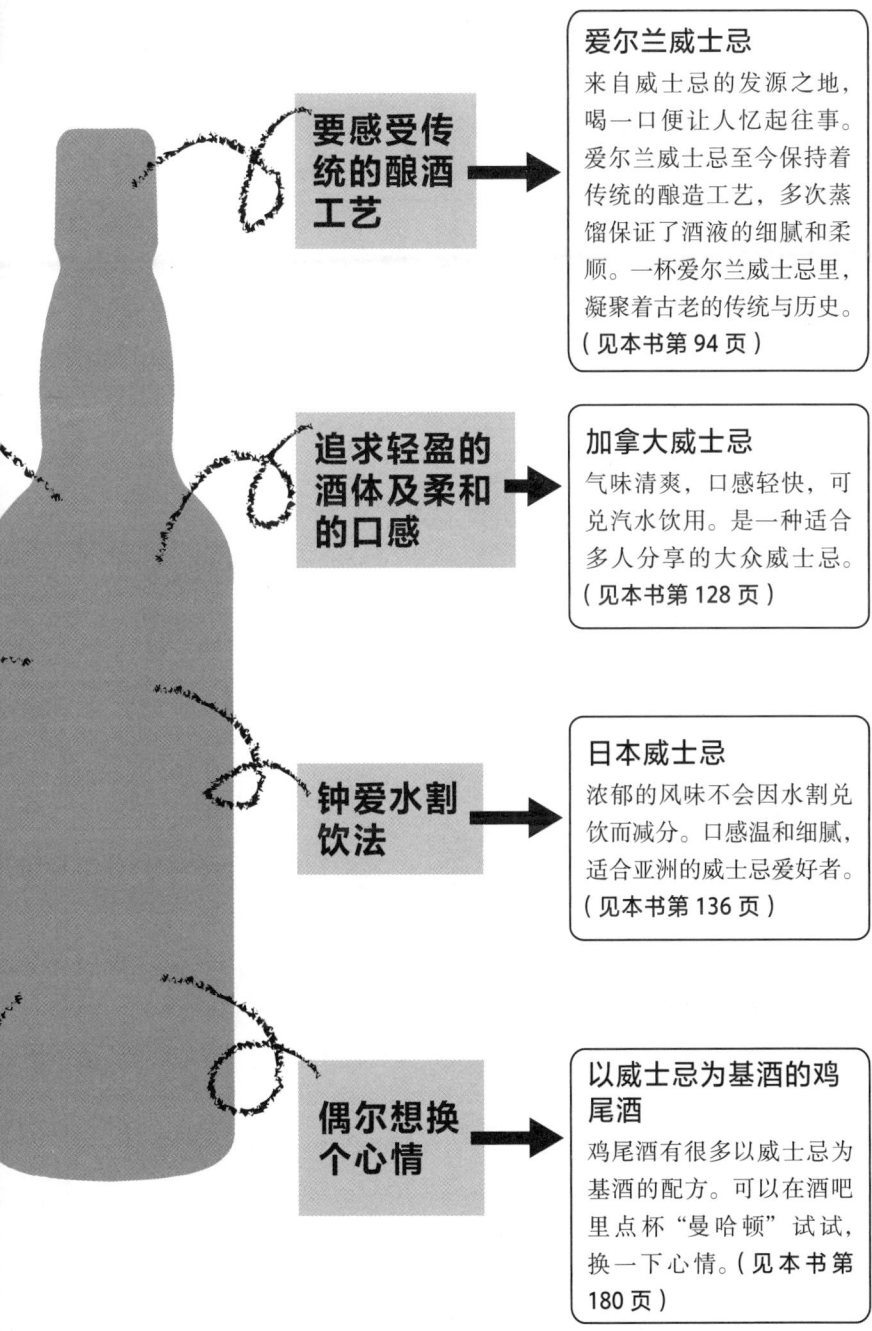

威士忌是"生命之水"

蒸馏技术在中世纪时被炼金术师发明。利用这一酿造技术，他们提炼出了在喉间燃烧的酒液。他们将这种酒液用拉丁语命名为"Aqua-Vitae"，意为"生命之水"，最初人们把它作为药酒珍藏起来。

随着蒸馏技术的流传，在不同的国家和地区制作出来的"Aqua-Vitae"也被译为不同的语言。在俄罗斯，生命之水被译为"Zhiznennia Voda"，制作出的蒸馏酒就是伏特加（Vodka）。在法国，它被译为"Eau de Vie"，蒸馏后就成了被誉为"蒸馏酒女王"的白兰地（Brandy）。在北欧，生命之水被译为"Aquavit"。

在爱尔兰和苏格兰等国家，生命之水被人们以盖尔语译为"Uisge Baugh"，制作出的蒸馏酒就是被称为"蒸馏酒之王"的威士忌（Whisky）。

注：盖尔语（Gaelic）一般来说包括苏格兰的盖尔语和等同于 Irish Gaelic 的爱尔兰盖尔语。

第1章

苏格兰单一麦芽威士忌

— 鲜明的个性,丰富的口感 —

 苏格兰威士忌的分类

大名鼎鼎的苏格兰威士忌
单一麦芽与调和威士忌的区别

苏格兰威士忌可以说是威士忌的代名词。按照苏格兰的法律，只有在苏格兰境内生产，利用蒸馏法且使用木桶陈酿三年以上的威士忌，才可以叫"苏格兰威士忌"。

苏格兰威士忌有很多品牌，但主要分为两大类：一种是以大麦为原材料的麦芽威士忌，另一种是以玉米等粮食为原材料的谷物威士忌。这两种威士忌不仅原材料不同，蒸馏方法也不同。

将数十种麦芽威士忌与几种谷物威士忌调和的酒液称为"调和威士忌"。知名威士忌品牌顺风（Cutty Sark）、尊尼获加（Johnnie Walker）、老伯威（Old Parr）等，都是调和型威士忌。

另一方面，近年备受瞩目的是单一麦芽威士忌，因只能在一个酒厂中提取酒体装瓶封口，所以其强烈的个性让喜欢它的人爱不释手。

了解苏格兰威士忌的种类

麦芽威士忌

原料 大麦麦芽（malt）。

制造方法 一般经过罐式蒸馏器进行两次蒸馏，在橡木桶中陈酿三年以上。

口味 有层次感，风味多样。

单一麦芽威士忌

在同一酒厂中提炼出的麦芽威士忌。一般酒厂的名字会被用在酒名中。多数的单一麦芽威士忌都具有独特个性。

A 酒厂

调和纯麦威士忌

将多个酒厂提取的麦芽威士忌进行调和的酒液。

A 酒厂 ＋ B 酒厂

谷物威士忌

原料 玉米、黑麦、小麦等谷物。

制造方法 使用连续蒸馏器进行蒸馏后，在橡木桶中陈酿三年以上。

口味 酒体轻盈，酒液呈中性，主要用于调和。

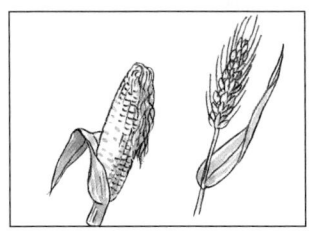

调和威士忌

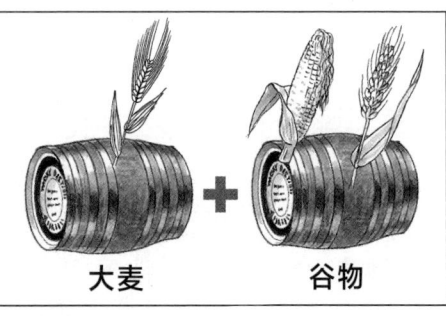
大麦 ＋ 谷物

制造方法 多种类的麦芽威士忌和谷物威士忌进行调和。

口味 风味醇厚，平衡感强，易入口。

* 详细制造方法请参考本书第 160~169 页。

 单一麦芽是什么？

单一麦芽是纯洁灵魂的所在
寻找适合自己的味道

可能有人会说威士忌的味道都大同小异，但这完全是错误的。从只在一个酒厂蒸馏一种原料的单一麦芽威士忌中可以看出它本身独特的个性，这就是威士忌的精髓所在。

苏格兰威士忌的主要产地有六个（如下页图中所示）。酒厂全部加起来大约有110个，大部分酒厂的名字就是酒标上的名字。

单一麦芽威士忌的品种，根据陈酿的年数及酒精度数进行区分，目前大约有一千多个种类。

各个酒厂制作的单一麦芽酒液会由于原料成长的土地气候、水资源等因素变化，酒液的多样性和复杂程度与葡萄酒不分上下。每一种单一麦芽都极具个性，从中找到最适合自己味蕾的一款，是品尝单一麦芽威士忌最大的乐趣之一。

苏格兰主要的酒厂　位置参考下页地图

斯贝塞产区（Speyside）
① 雅伯莱（Aberlour）
② 百富（The Balvenie）
③ 克莱根摩（Cragganmore）
④ 格兰花格（Glenfarclas）
⑤ 格兰菲迪（Glenfiddich）
⑥ 格兰威特（The Glenlivet）
⑦ 麦卡伦（The Macallan）
⑧ 斯特拉塞斯拉（Strathisla）

高地产区（Highlands）
⑨ 大摩（Dalmore）
⑩ 格兰杰（Glenmorangie）
⑪ 皇家蓝勋（Royal Lochnagar）

艾雷岛产区（Islay）
⑫ 阿贝（Ardbeg）
⑬ 波摩（Bowmore）
⑭ 拉加维林（Lagavulin）
⑮ 拉弗格（Laphroaig）

坎贝尔敦产区（Campbeltown）
⑯ 云顶（Springbank）

低地产区（Lowlands）
⑰ 欧肯特轩（Auchentoshan）

岛屿产区（Islands）
⑱ 高原骑士（Highland Park）
⑲ 泰斯卡（Talisker）

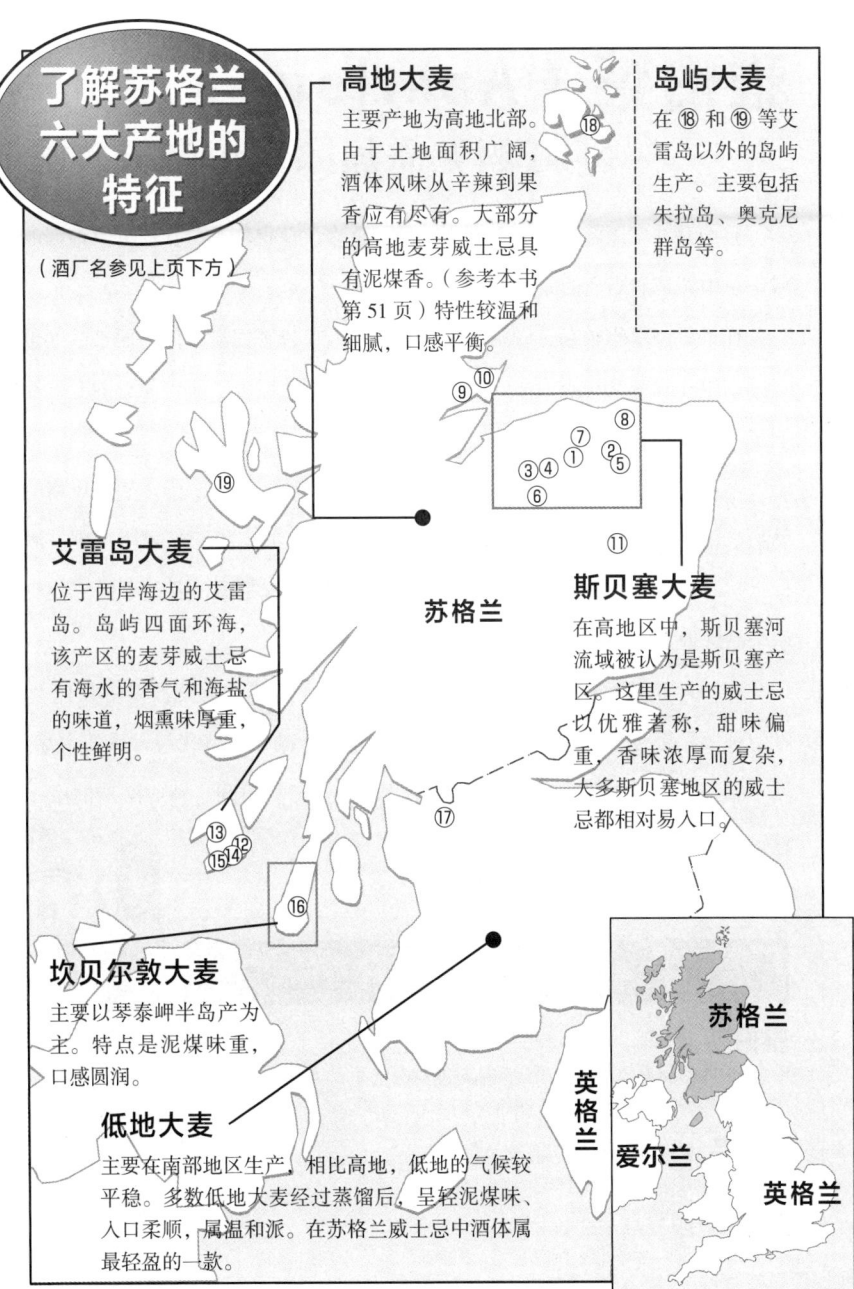

斯贝塞产区

雅伯莱（Aberlour）
好酒无需加冰饮用就很美味

雅伯莱在"国际葡萄酒与烈酒大赛"上多次获得金奖，在斯贝塞地区的威士忌中算是响当当的品牌了。

杯子里倒上雅伯莱，朗姆的醇香飘散。入口果香四溢，伴随而来的烟熏口感，温暖脾胃又抚慰人心。雅伯莱可加水兑饮，但为了保留原有的芳香和润滑的口感，适合直接饮用。

精湛的酿造工艺出自雅伯莱酒厂，位于斯贝塞的中心。维多利亚风格的酒厂，沿着斯贝河畔建造。品牌创立于1826年，但由于酒厂发生火灾，酒标上标示的创立时间是火灾后重建的1879年。也就是说，雅伯莱酒厂拥有两个品牌创立年份。

1979年雅伯莱被法国公司收购，酒厂增加了现代化的设备和技术工具。雅伯莱酒厂至今只使用苏格兰产大麦，橡木桶上的软木塞代替普通的木塞。软木塞可以蒸发酒液中的不纯物，还可以延长存放时间。精心酿造的威士忌，自然有好喝的道理。

ABERLOUR

雅伯莱 10 年（43%vol）
雅伯莱的经典款。可以品尝到斯贝塞特有的甜香。在国际葡萄酒与烈酒大赛上多次获得金奖。

雅伯莱 15 年（40%vol）
酒体饱满，以优雅著称。

雅伯莱 1976（43%vol）
1976年进行蒸馏的珍藏品。

今晚的推荐！

雅伯莱10年

Q：店长，点酒的时候说"给我来一杯直饮（Straight）"是什么意思呢？

A：直饮指的是原液不加水，直接饮用。

直饮，指的是在喝威士忌时不加水或冰块直接饮用的方法。直饮可以最直观地了解到酒的香气和风味。单一麦芽是非常适合直饮的威士忌之一。

想要感受香味？
如果想要感受威士忌酒液的香味，可以适当加一点水。

纯饮（Neat）又是什么意思呢？
在英国，人们会用"纯饮"表达"直饮"的意思。

直饮的酒精太强？
如果觉得直饮的酒精度数高，不易入口，可以加一点水兑饮。

Q：单份（Single）和双份（Double）是什么意思呢？

A：是指在杯子盛到多少威士忌的量。

单份是指威士忌盛到一根手指的分量

使用标准威士忌杯测量

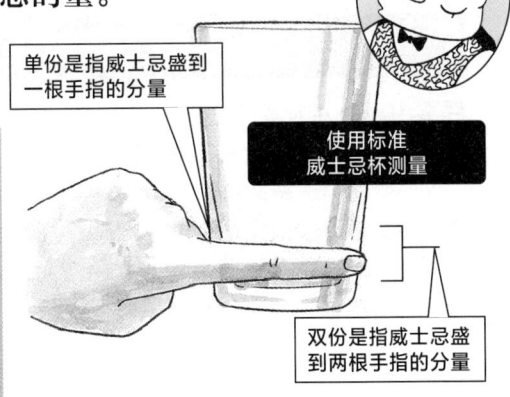

双份是指威士忌盛到两根手指的分量

单份（Single）…30ml
也被称作一指（One Finger）或一注（One Shot）。因为度量单位的不同，各国会略有不同。

双份（Double）…60ml
单份两倍的分量。

23

斯贝塞产区

百富（The Balvenie）
代表性的琥珀色酒体和时尚酒标

百富威士忌有着嫩草一般的水亮光泽，独具深邃和优美的气质。金灿灿的酒液，魅惑众人。

10年、12年陈酿是百富中平衡感最好的两款，同时也有着极高的人气。"百富15年单桶威士忌（Single Barrel）"是只用一只木桶进行熟成和灌装的上等单一麦芽威士忌。每一瓶酒标上都手写了蒸馏日期、装瓶日期，还有酒瓶编号，简洁易懂的酒标也是百富的特色之一。

百富酒厂是酿造有"销量世界第一"之称的"格兰菲迪"（见本书第30页）的第二酒厂，创建于1892年。百富威士忌可以算是格兰菲迪的兄弟了。

在同一个酒厂内的不同蒸馏所进行蒸馏，相同的水源，相同的原料产地，可能大家会认为两兄弟具有相近的口感和风味。但是奇妙的是两种酒的风格和个性截然不同，各自主张个性，却又可以相互包容。

┌ THE BALVENIE ┐

百富10年（40%vol）

百富12年双桶威士忌（50%vol）
　　以两种木桶（先在波本桶后在雪莉桶）进行陈酿。

百富15年单桶威士忌（50%vol）

百富21年波特木桶威士忌（40%vol）

百富25年单桶威士忌（46%vol）

＊关于木桶的说明见本书第43页。

百富15年单桶威士忌

用酒标认识威士忌

酒标就像威士忌的简历

酒瓶上的酒标不只是装饰，它就像一份简历一样，可以了解威士忌的名字、年龄、产地、容量，以及酒精度数等。

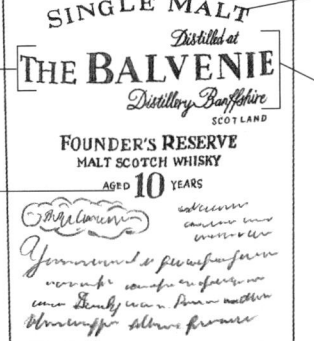

品牌
酿酒人为威士忌取的名字，大多与酒厂的名字相同。

威士忌类型
如图中的单一麦芽（SINGLE MALT）。

酒厂名
品牌名称与酒厂名相同时，有时会将二者统一标示。

陈酿年份
经过蒸馏后在木桶陈酿的年数。此酒标上写的是陈酿10年。有的酒标也会标记进行蒸馏的年份和装瓶的年份。

产地
如图中酒标显示产于苏格兰。

容量

酒精度数

百富在格兰菲迪第二酒厂进行蒸馏陈酿。两者的水和谷物原料相同，口味却大有不同。

要不要尝尝看？

斯贝塞产区

克莱根摩（Cragganmore）
斯贝塞的特色都凝聚其中

克莱根摩丰富的风味与细腻的口感之间有着绝妙的协调感，常被人比喻为"莫扎特协奏曲"。它入口轻柔，对于初尝威士忌的人来说，克莱根摩是难度较小又容易入门的一款酒。

创始人约翰·史密斯对这款酒投入了极大的热情，将绝妙的口感从理想变为现实。

史密斯先生在各地著名的酒厂担任过总监，作为技艺精湛的威士忌工匠，他在业界远近闻名。他致力于创立一个理想的酒厂，也就是现在的克莱根摩酒厂，位于苏格兰的巴林达罗奇村。

巴林达罗奇村的地理位置不仅运输方便，更重要的是拥有斯贝塞地区名水之地的涌泉。以这个优良水源作为原料的克莱根摩威士忌是UDV公司（United Distillers，UDV联合酿酒集团）所有的酒厂中，能在"经典麦芽系列"中争夺一席之地，作为斯贝塞代表的威士忌。

CRAGGANMORE

克莱根摩12年（40%vol）
苏格兰调和威士忌品牌，老伯威（Old Parr）的基酒之一。

蜜一样的甜香，慢慢在口中扩散。

今晚的推荐！

Q：我想探究苏格兰威士忌，但是不知道喝什么。可以给我推荐一下吗？

A：尝试不同产地的威士忌。

尝试苏格兰不同地区具有代表性的威士忌，就可以了解苏格兰威士忌的多样性，找出适合自己的一款。

经典麦芽系列

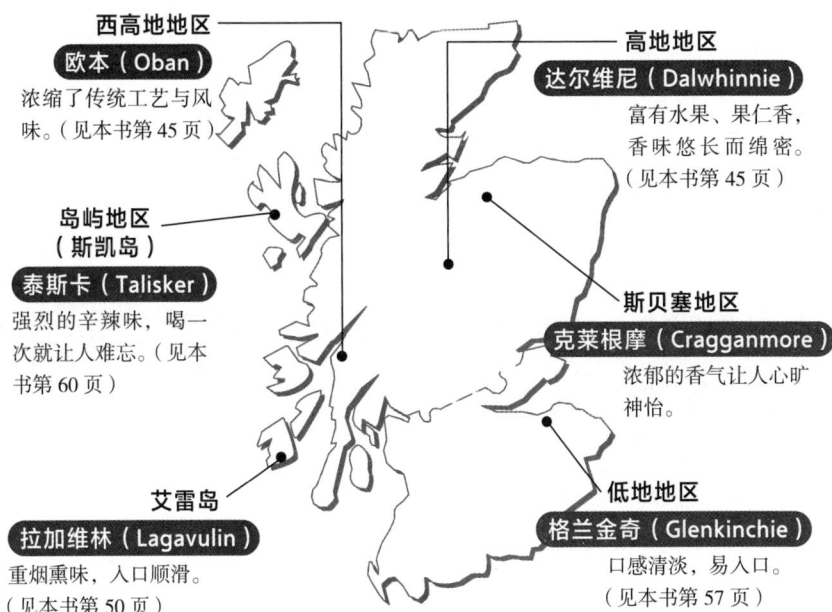

西高地地区
欧本（Oban）
浓缩了传统工艺与风味。（见本书第45页）

岛屿地区（斯凯岛）
泰斯卡（Talisker）
强烈的辛辣味，喝一次就让人难忘。（见本书第60页）

艾雷岛
拉加维林（Lagavulin）
重烟熏味，入口顺滑。（见本书第50页）

高地地区
达尔维尼（Dalwhinnie）
富有水果、果仁香，香味悠长而绵密。（见本书第45页）

斯贝塞地区
克莱根摩（Cragganmore）
浓郁的香气让人心旷神怡。

低地地区
格兰金奇（Glenkinchie）
口感清淡，易入口。（见本书第57页）

斯贝塞产区

格兰花格（Glenfarclas）
斯贝塞人气前三的威士忌

英国第一位女性首相"铁娘子"撒切尔夫人最爱的威士忌，就是格兰花格。她尤其喜爱"格兰花格105"，这款酒特点非常鲜明，酒精度高达60度，可谓不负"铁娘子"之名了。

此款酒体轻盈，富有浓郁果香味。即使加水或加冰块饮用也不会失去风味，最适合饭后饮用。

酒厂坐落于班宁斯山的山脚下，冬天班宁斯山融雪及优质山泉软水是酿造格兰花格最重要的水源。酒厂配有整个斯贝塞体积最大的罐式蒸馏器，同时坚持着传统的直火加热法。酒体在雪莉桶中进行陈酿，酿造出风味极佳的格兰花格美酒。这款经过精心酿造的美酒，一直位列权威调酒师选出的斯贝塞产区前三名。

格兰花格，盖尔语意为"绿草原中的溪谷"，从草原上可以遥望到斯贝河的格兰花格酒厂，创立于1836年，至今仍由格兰特家族独立经营，目前已经传承到第六代，是为数不多的家族酒厂之一。

五款适合作为餐后酒的单一麦芽威士忌

☆ 格兰花格（Glenfarclas）
☆ 高原骑士（Highland Park）
☆ 斯特拉塞斯拉（Strathisla）
☆ 波摩（Bowmore）
☆ 格兰罗塞斯（Glenrothes）

> 不喝一杯就觉得一天没有结束！

众所周知，红酒适合配餐饮用，而相比于红酒，酒精度数更高的威士忌适合作为餐后酒。特别是左侧的五款麦芽威士忌，口味醇厚，最适合在餐后轻松愉快的气氛下细细品尝。

GLENFARCLAS

格兰花格 10 年（40%vol）
格兰花格 12 年（43%vol）
格兰花格 105（60%vol）
> 105 是指酒精强度（Proof），105 proof 换算后大概在 60 度左右。

格兰花格 15 年（46%vol）
格兰花格 17 年（43%vol）
格兰花格 21 年（43%vol）
格兰花格 25 年（43%vol）
格兰花格 30 年（43%vol）

格兰花格 12 年

威士忌的酒精度数大多在 40~43 度。

从陈酿桶中取出后，使用原酒精度装瓶（cask strength）。由于生产过程中不经过滤和稀释，保持了装瓶时的高酒精含量和最原始的浓厚风味。

 斯贝塞产区

格兰菲迪（Glenfiddich）
世界销量第一的单一麦芽威士忌先驱

格兰菲迪，是威士忌中最有名的品牌之一，口感较清爽且易入口，单一麦芽中销量世界第一，备受众人喜爱。就算是不太了解威士忌的人，也一定见过其三角形的酒瓶。

三角形的酒瓶，最初在业内是被当作笑话的。而且在1960年，单一麦芽威士忌并不流行，出售单一麦芽威士忌则成了更大的笑话。

最早所有人都认为威士忌是需要调和的，而单一麦芽的个性太强，没有人会喝它，成了业界的笑柄。

外界的冷眼并没有抑制格兰菲迪的飞速发展，不久之后单一麦芽受到大众喜爱，为众人所熟知。如今格兰菲迪可以说是单一麦芽威士忌的代名词了。

如果还没有喝过的话，请一定要品尝一下。

苏格兰单一麦芽销量前五名

世界排名
1 格兰菲迪（Glenfiddich）
2 格兰冠（Glen Grant）
3 格兰威特（Glenlivet）
4 家豪（Cardhu）
5 麦卡伦（The Macallan）
"2002年世界单一麦芽苏格兰威士忌排名"
尚肯新闻日报 影响力数据库

日本排名
1 麦卡伦（The Macallan）
2 格兰杰（Glenmorangie）
3 格兰威特（Glenlivet）
4 格兰菲迪（Glenfiddich）
5 波摩（Bowmore）
"2003年进口酒品牌排名"
酒类饮料日报 食品产业新闻社

易入口的高地产区和斯贝塞产区威士忌占据了高排名位置。在日本，香味浓郁的威士忌，特别是花果香味的品种，拥有极高的人气。

格兰菲迪酒厂选取清澈甘洌的乐比多泉水、金黄饱满的大麦、高品质的泥煤,加上清新的高原空气,为酿造优质格兰菲迪威士忌提供了完美的自然条件,被称为"理想之乡"。

今晚的推荐!

格兰菲迪12年

GLENFIDDICH

格兰菲迪 12 年(40%vol)

单一麦芽在橡木桶中至少陈酿 12 年以上,是当今全世界消费者最为喜爱的单一纯麦威士忌。只有 12 年的酒才是绿色瓶身。

格兰菲迪 15 年(40%vol)

15 年单一纯麦苏格兰威士忌经过西班牙雪利橡木桶、美国波本橡木桶及全新美国橡木桶三种橡木桶陈酿后,在特制的苏罗拉融合桶中融合静置,层次丰富而余味悠长。

格兰菲迪 18 年(40%vol)

综合了西班牙雪利橡木桶的甜味与传统美国橡木桶散发的橡木风味。在巨型木制融合桶中混合静置,打造出具有柔和青苹果香气与醇厚橡木味的口感,每一批次都口感独特,质量上乘。

格兰菲迪 30 年(40%vol)

同品牌系列的最高品级。在高级西班牙雪利橡木桶与美国波本橡木桶内陈酿 30 年以上,使得此款威士忌蕴含独特的香气与风味。

 斯贝塞产区

格兰威特（The Glenlivet）
口感辛辣浓烈的"苏格兰威士忌之父"

格兰威特与其他品牌不同的地方在于它使用的是硬水（通常使用软水），口感浓烈刺激，同时带有花果香气。

在苏格兰威士忌的历史中，也有过一段私酿的时期。18世纪初，苏格兰成为英国的殖民地后，政府在威士忌上加了重税，苏格兰人长期在深山里私酿威士忌。私人非法酿酒实在很难监管，再加上当时的英国王室也很喜欢威士忌，禁酒令终于在1823年被废除，私人酿酒者只要交一笔钱就可以拿到合法的酿酒执照。

格兰威特是1824年酒税法调整后第一个领到生产许可证的酒厂，被誉为单一麦芽威士忌之源。虽然被私酿同盟的酒厂鄙视为叛徒，但格兰威特面世后轰动一时，好几家酒厂以"Glenlivet"为后缀生产自己的威士忌。酒厂不得不打官司，最后以漫长的诉讼获得"The Glenlivet"的称号。加上"The"，才是正牌格兰威特。

THE GLENLIVET

格兰威特12年（40%vol）

格兰威特12年法国橡木桶（40%vol）
The Glenlivet French Oak Finish 17 Years
在陈酿过程中将威士忌置于通常用来酿造葡萄酒的法国利穆赞（Limousin）橡木桶中存放。

格兰威特18年（43%vol）
香味和口感的平衡感极强。

今晚的推荐！

格兰威特12年

苏格兰威士忌曾经是私酿酒

我想知道关于苏格兰威士忌的历史。苏格兰威士是什么时候产生的?

据说15世纪已经有了,是吧,店长?

无色的苏格兰威士忌

是的。最早关于苏格兰威士忌的文字记载出现在1494年,在苏格兰财政部记载着"aqua vitae(生命之水)"。当时没有陈酿技术,主要饮用经过蒸馏后的无色透明酒体(Spirits)。

从私酿时代到政府公认

随着苏格兰威士忌的人气不断高涨,政府开始禁止私酿,并对酒厂大肆征税。
1823年终于修订了酒税法,第二年格兰威特酒厂成为峡谷地区合法酿造威士忌的先驱,这也是苏格兰威士忌迈向全球的第一步。

私酿时期的重大发现

橡木桶陈酿 将威士忌放入木桶中进行陈酿的过程中产生了气味、风味的变化。
自然环境 清凉的水源和临山的气候为苏格兰威士忌创造了最佳的酿造环境。

调和威士忌:从诞生到享誉世界

19世纪,调和威士忌诞生了。这个时期,虫害正在欧洲地区蔓延,园中种植的葡萄几乎全部死亡。因此,由葡萄酒酿造的白兰地产量骤降,为了代替白兰地,人们开始饮用苏格兰威士忌,调和威士忌由此流行起来。

 斯贝塞地区

麦卡伦（The Macallan）
苏格兰高地威士忌中的"劳斯莱斯"

"我应该从哪种单一麦芽威士忌开始喝好呢？"如果是威士忌初学者这样问我，我一定会让他先试试麦卡伦。

在英国最负盛名的哈洛德百货（Harrods）出版的《威士忌读本》中，麦卡伦被誉为苏格兰高地威士忌中的"劳斯莱斯"。

将一口麦卡伦含入口中，柔和的酒体犹如缠绕在舌间，淡淡的雪莉酒芳香飘过，真是让人愉悦。

在业界内，麦拉伦被称为"上等调味（Top dressing）"，被赞赏为调和威士忌中不能缺少的一味，当然作为单一麦芽也是举足轻重的一款。它在苏格兰当地是人气第一的畅销酒，全世界销量排名在前五的位置，可谓极致荣耀。

麦卡伦中的"终极平衡感"究竟是如何酿造出来呢？答案在于原料只采用最高级别的大麦和雪莉桶，使用斯贝塞最小的蒸馏器进行传统的直火加热法。现在多数酒厂选择雪莉桶进行酿造，而最初率先使用雪莉桶的正是麦卡伦。

我更喜欢年份较新的威士忌！

品味不同年份的威士忌

品尝不同品牌的威士忌固然很好，但还有一种乐趣，就是同一个品牌下，品尝不同年份的威士忌。例如麦卡伦，从10年到50年，不同的陈酿时间就会有不同的韵味。

年份越高的酒，往往价格也越高，但不一定就更好喝。年份新的威士忌有其本身的亮点，高年份威士忌也有经历岁月沉淀造就的口感浓厚、圆润等特点。威士忌和人一样，不能够用年龄来进行比较，没有绝对的好坏之分。而多数的威士忌专家认为，陈酿的最佳时期是10~20年。

THE MACALLAN

麦卡伦鉴赏家之选（40%vol）
The Macallan Distiller's Choice
被誉为"麦卡伦贵公子",面向日本市场销售。

麦卡伦 10 年（40%vol）
麦卡伦 12 年（43%vol）
麦卡伦 15 年（43%vol）
麦卡伦 18 年（43%vol）
麦卡伦 18 年黄金三桶（40%vol）
The Macallan Gran Reserva 18 Years
在雪莉桶陈年酿造的基础上,增加了一道过桶的工艺,把酒液放到另外种类的桶里熟成一段时间。麦卡伦的三桶是欧洲雪莉桶、美国雪莉桶和美国波本桶。

麦卡伦 25 年（43%vol）
麦卡伦 30 年（43%vol）
麦卡伦 50 年（43%vol）

 斯贝塞产区

斯特拉塞斯拉（Strathisla）
酿造于"水精灵之泉"的甘甜美酒

含在口中，顺滑的酒体在舌尖缠绕，后味像熟透的果实，香气在口中散开。柔和且浓郁的斯特拉塞斯拉最适合餐后休息时刻饮用。

习惯于饮用调和威士忌的人品尝斯特拉塞斯拉后可能会联想到芝华士，那么只能说他猜中了一半，芝华士中主要的调和酒，就是斯特拉塞斯拉。

适合调和芝华士的基酒只有12年以上陈酿的酒，而斯特拉塞斯拉也只做12年陈酿的单一麦芽威士忌。斯特拉塞斯拉酒厂成立于1786年，它不仅是斯贝塞仍在运作的最古老的蒸馏酒厂，还是最美丽的苏格兰蒸馏酒厂之一。

酒厂的水源来自托明多尔河（Tomintoul），据说那里夜晚会有水精灵出现。精灵拥有一种法力，会让触碰河水的人们溺亡，据说这有水精灵居住的神奇河水就是斯特拉塞斯拉的神秘配方。这听起来像是个黑色幽默，但如果品尝过斯特拉塞斯拉，那种令人迷醉的味道，会让人不禁对这个有趣的故事点头称好。

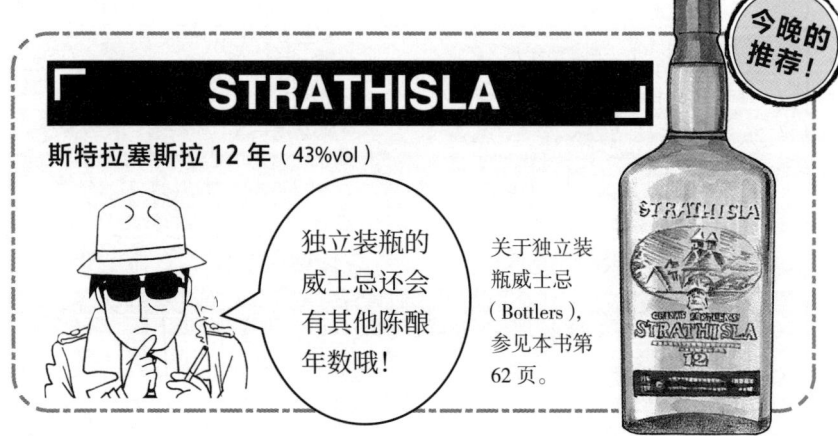

STRATHISLA

斯特拉塞斯拉 12 年（43%vol）

独立装瓶的威士忌还会有其他陈酿年数哦！

关于独立装瓶威士忌（Bottlers），参见本书第62页。

今晚的推荐！

Q：店长，酿造用水是什么？

A：是指在各个酿造工序中作为原料使用的水。

在浸麦（参见本书第 161 页）和糖化、发酵等威士忌酿造工序中使用的水，基本上所有的酒厂都使用矿物质水。根据不同酒厂的自然环境，水的成分会有不同变化，例如硬度的不同，色泽也有透明、浑浊（泥炭层地域）等。这些水的成分都会影响酿造出来的威士忌的口感和风味。

使用酿造用水的几道工序

浸麦
把晒干的大麦泡水，让饱含水分的麦粒开始发芽。

糖化、发酵
加入大量的水，促进发酵过程。

（加水）
装瓶时会适当加水来调整整体容量。

酿造用水

软水

软水中钙质和矿物质含量较低，所以酿造出的威士忌口感柔和绵软，有淡淡的甘味。一般软水被认为是最适合威士忌的酿造用水。

使用软水酿造的主要威士忌品牌

克莱根摩（参见本书第 26 页）
格兰菲迪（参见本书第 30 页）
麦卡伦（参见本书第 34 页）等多数

硬水

硬水是指矿物质丰富、硬度高的水。虽然人们一般认为软水更适合酿造威士忌，但硬水酿造出的威士忌降低了酒体的醇厚程度，使得其更易入口。

使用硬水酿造的主要威士忌品牌

格兰威特（参见本书第 32 页）
格兰杰（参见本书第 42 页）
高原骑士（参见本书第 58 页）

 斯贝塞产区

其他斯贝塞威士忌品牌
丰富的芳香散发无限魅力

斯贝塞集中了大约50个酒厂,每家酒厂对酿造威士忌都精益求精。因此,斯贝塞有大量高品质的单一麦芽威士忌。

整体来说,产自斯贝塞的威士忌拥有华丽的香味,并带有独特的泥煤香气,口感醇厚而又不失圆润绵柔。更简单地来说,斯贝塞威士忌分两种:一种像麦卡伦、格兰花格一样强劲,另一种像格兰威特一样细腻圆润。

细腻圆润的一个代表品牌,叫作格兰冠(Glen Grant),在全世界单一麦芽威士忌中销量排名第二,口感清爽,芬芳且辛辣,让追随者望尘莫及。同类型的一款"洛坎多(Knockando)"拥有复杂的花香,绵柔的口感是它的魅力所在。

另外还有专门作为餐前酒酿造的盛贝本(Speyburn),在最后一道陈酿工序把木桶换成白葡萄酒桶。还有增加了水果香的格兰莫雷(Glen Moray)等,各种风格的单一麦芽威士忌如同百花争艳,各有风采。如果想要对比几款单一麦芽威士忌的不同,对于新手来说,斯贝塞产地的威士忌一定充满了值得探寻的无穷乐趣。

品酒识不同

品尝比较，享受差异的乐趣

如果家里有几款单一麦芽威士忌，在品酒过程中可以进行香味、口味的对比，慢慢探究其中味道的不同。通常我们会把品酒叫作 Tasting，酒的品质优劣，关键在色泽、香味、口感，通过几次饮用就可以根据自己的感觉找到诀窍了。

饮用威士忌通常会使用杯口向内，类似于红酒杯一样的郁金香形杯，杯体最好透明，便于观察酒的色泽和稠度。品威士忌时最开始可以先直饮，然后加入少许的水，感受香味散开后微妙的变化。

色泽

将白色作为背景（参照物），可以对比酒体色泽的不同。
（详见本书第 75 页）

香味

第一次闻香时，记住香味的第一印象后，慢慢靠近杯口再次细闻。加水后香味的变化和饮用后杯子残留的酒体味道等，都可以进行比较。

口感

把威士忌含入口中，用舌尖充分接触到酒液。慢慢饮用，感受酒液经过喉咙的味道。

要点

含入威士忌时
感受入口的质感（绵柔、润滑、黏稠）。

舌尖接触酒体时
让酒液充分接触到舌头的每个味蕾，体会甜、热、刺激、黏稠等口感。

过喉后
感受酒体过喉后，使人清爽、滋润，还是舌头变干燥。饮用后可以观察酒体的风味在舌尖上停留多久。

要点

判断是否有花、水果、坚果、蜜、谷物、潮水等香气。

 高地产区

大摩（Dalmore）
深邃而多变的复杂口感与雪茄最配

微微的甘甜与果香融合，酒体深邃而辛辣，细细品味还能感受到似有似无的泥煤味，这就是大摩威士忌的特点，最适合餐后休息的时刻饮用。

深邃的单一麦芽威士忌与雪茄最相配。大摩酒厂还专门为喜爱雪茄的人士将12年与21年陈酿的大摩调和，这款与雪茄最相配的威士忌被称为"大摩雪茄"。

更让麦芽威士忌粉丝垂涎三尺的是，大摩还有50年以上陈酿的"神仙级大摩威士忌"。这款威士忌酿造于1920~1930年间，装在黑色陶瓷瓶中，称为"大摩50"，产量极低。如果能够点上雪茄，喝上一口极品大摩，一定是非常奇妙的体验。

大摩酒厂位于阿尔尼斯，此地从古至今因猎鹿而闻名，因此每瓶大摩的酒瓶上都有十二枝分叉的鹿角作为标志。

大摩酒厂成立于1839年，坐落于苏格兰克罗默蒂峡湾的岸边，俯瞰黑岛，堪称绝景。

如何绅士地享用雪茄

抽雪茄的正确方法是，首先要用雪茄刀来剪切雪茄帽，然后用专门的雪茄打火机点火。（切勿使用煤油打火机，煤油气味会影响雪茄的风味）享用雪茄时，不要将雪茄吸入肺部，只让烟气在嘴里回旋，在口中细细品味独特的香气。

将雪茄放在烟灰缸上会自然熄灭，去除雪茄灰时不要将雪茄在烟灰缸里碾压，而是将雪茄置于烟灰缸边缘上方，用手指轻弹雪茄抖掉雪茄灰。

雪茄气味较重，请事先确认周边环境是否适合抽雪茄。

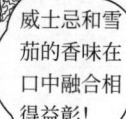

威士忌和雪茄的香味在口中融合相得益彰！

DALMORE

大摩 12 年（43%vol）

大摩雪茄（43%vol）
　The Dalmore Cigar Malt Whiskey
　2001 年春季后进入日本市场。

大摩 21 年（43%vol）

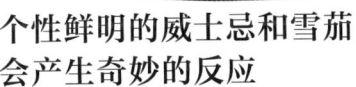
今晚的推荐！

大摩12年

吸一口雪茄
抿一口威士忌

个性鲜明的威士忌和雪茄
会产生奇妙的反应

除了大摩雪茄威士忌以外，还有很多威士忌能够与雪茄搭配出巧妙的组合。特别是有烟熏味、口感厚重的苏格兰威士忌，最适合与雪茄一同享受。

威士忌如何与雪茄搭配

想要浓郁的口感		
大摩雪茄	蒙特克里斯托（Montecristo） （哈瓦那人气品牌）	

雪茄和威士忌都想要个性强烈的		
阿贝 （参见本书第 46 页）	高斯巴（Cohiba） （哈瓦那产，1968 年创立）	

让人沉醉的奢华口感		
泰斯卡 （参见本书第 60 页）	罗密欧与朱丽叶（Romeo y Julieta） （1875 年面世，前英国首相 丘吉尔生前最爱）	

女性喜爱的温柔组合		
麦卡伦 （参见本书第 34 页）	 大卫杜夫雪茄（Davidoff） （雪茄的代名词，柔和的口感 适合初学者尝试）	

高地产区

格兰杰（Glenmorangie）
淡雅的花果香深受女性喜爱

说到威士忌，很多人都认为它是象征男性的酒，然而女性并不应该作为配角，事实上威士忌专家和爱好者多数是女性。对于想要尝试威士忌却不知如何下手的女士们，最适合的就是这款格兰杰了。淡金色的瓶体流线优美，口味温润富有韵味，带有葡萄干、太妃糖、坚果巧克力的甜香，入口则是果干、巧克力、柑橘片和奶油的香醇，层次丰富饱满，令人心动的甜蜜芳香很有治愈感。从香气到口感都很女性化，柔和细腻，回味悠长。

口感温和并不代表这款酒不适合男士。大名鼎鼎的格兰杰，可是苏格兰国内最受欢迎的单一麦芽威士忌品牌之一。格兰杰只出售单一麦芽威士忌，绝不与其他酒体做调和酒。说到高地产区的威士忌，苏格兰人首先想到的一定是格兰杰。

格兰杰花果香的秘密，来自波本桶。格兰杰酒厂坚持在美国肯塔基州买下整棵橡木，用于波本酒陈酿之后，再用于单一麦芽威士忌的陈酿。格兰杰被全世界威士忌爱好者所喜爱，原因在于格兰杰酒厂对口味的追求和不懈的坚持。

今晚的推荐！

GLENMORANGIE

格兰杰 10 年、18 年、25 年（均为 43%vol）

格兰杰波特桶窖藏陈酿（43%vol）
Glenmorangie Port Wood Finish

格兰杰雪莉桶窖藏陈酿（43%vol）
Glenmorangie Sherry Wood Finish

格兰杰马德拉桶窖藏陈酿（43%vol）
Glenmorangie Madeira Wood Finish

格兰杰勃艮第桶窖藏陈酿（43%vol）
Glenmorangie Burgundy Wood Finish

酒名中的木桶种类指的是陈酿最后一道工序使用的木桶。

格兰杰 10 年

不同的陈酿桶会酿出不同的口味

有些酒标会标上陈酿桶的种类

陈酿桶主要是以白橡木为原材料。陈酿桶有不同种类和大小,有些酒会使用新的木桶,有些会使用陈酿过的木桶,苏格兰威士忌则不使用新木桶。这些各自的规定和陈酿方法会使陈酿后的风味和口味千变万化。如果知道木桶种类,就可以猜到酒体大概的特征和风味。有些威士忌品牌的酒标会标上木桶种类,让消费者根据自己的喜好购买。

木桶的种类

雪莉桶

经过雪莉酒浸泡的橡木桶。木桶上会有雪莉酒的香味和色泽,经过陈酿的酒体一般会带有微微的红色。

波本桶

经过波本酒浸泡的橡木桶。每个波本桶内部都会经过重度熏烤,经过陈酿的酒体都会带有特有的烟熏风味,酒色为较浅的金黄色。

威士忌桶/素木桶

指反复进行陈酿的木桶,已没有特有酒体风味的橡木桶的总称。

木桶大小

小木桶(Barrel)	最大直径65cm,	长约86cm,	容量约180L
猪头桶(Hogshead)	最大直径72cm,	长约82cm,	容量约230L
柱桶(Puncheon)	最大直径96cm,	长约107cm,	容量约480L
雪莉桶(Sherry Butt)	最大直径89cm,	长约128cm,	容量约480L

还有马德拉酒和波特酒的木桶啊!

＊马德拉酒和波特酒均属于酒精加强型葡萄酒,酿造过程中加入白兰地。

高地产区

皇家蓝勋（Royal Lochnagar）
维多利亚女王的最爱

　　皇家蓝勋是一款清爽微辣、口感醇美且层次复杂，适合餐后饮用的威士忌。"蓝勋"（Lochnagar）得名于迪伊河旁的山名，盖尔语意为"裸露床岩的湖泊"。

　　传闻英国诗人拜伦年幼时曾居住在这里。1848年，临近酒厂的巴尔莫勒尔城堡被维多利亚女王买下作为夏宫，当时的酒厂创办人给她寄了邀请函，结果女王果真前来参观，品尝后又十分钟爱，立即决定准许酒厂向皇室供应，并在当年年底正式向酒厂颁发了皇家御用特许。从此，酒厂可以使用皇家称号，这就是今天的皇家蓝勋酒厂。

　　女王夫妇相当喜爱皇家蓝勋，据说甚至会在顶级的波尔多红酒中滴入几滴皇家蓝勋。究竟会产生什么奇妙的味道呢？感兴趣的人不妨试试看。

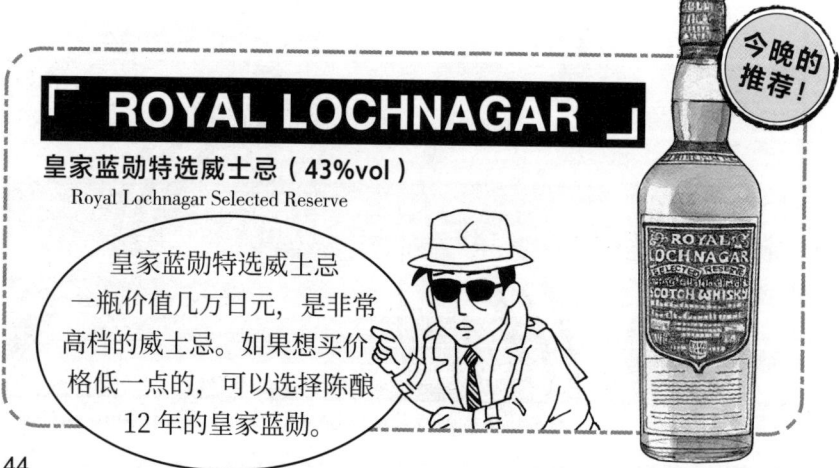

ROYAL LOCHNAGAR
皇家蓝勋特选威士忌（43%vol）
Royal Lochnagar Selected Reserve

皇家蓝勋特选威士忌一瓶价值几万日元，是非常高档的威士忌。如果想买价格低一点的，可以选择陈酿12年的皇家蓝勋。

今晚的推荐！

OBAN

欧本 14 年 (43%vol)

让人心情舒畅

高地的威士忌以温和为主,这款欧本保持了艾雷岛威士忌的特色,拥有烟熏香气。虽然没有强烈的气味和口感带来的感官刺激,但却足够温暖人心。酒厂位于西高地区域的欧本。

DALWHINNIE

达尔维尼 15 年 (43%vol)

像太阳一般温暖

虽然拥有大麦特有的甜度,但不会过腻,可以畅快饮用。虽然来自高地产区,却有斯贝塞产区特色的浓香。酒名达尔维尼意为集散地。酒厂位于斯贝塞河上游,这个酒厂同时作为当地的气候观测地,真是妙不可言。

GLENTURRET

格兰塔 12 年 (40%vol)

麦芽芳香让人沉醉

口感清爽的小清新威士忌。酒体轻且带有浓郁的麦芽香。在苏格兰规模比较小的酒厂酿造。

 艾雷岛产区

阿贝（Ardbeg）
强烈的泥煤烟熏风味让人越喝越过瘾

如果你没有任何心理准备，猛然喝一口阿贝威士忌，可能会大吃一惊。强烈的烟熏味，酒精对舌头的袭击，有人说喝起来很像"消毒水"，而威士忌专家把阿贝形容成"潮水"，甜美的烟雾与猛烈的海风夹杂在一起。第一次喝阿贝威士忌，就和第一次喝可口可乐一样，奇妙又令人难忘。

浓烟熏味的确是艾雷岛产威士忌的特点，尤其是阿贝，遵从艾雷岛传统威士忌的酿造工艺，可以说是艾雷岛的古典派威士忌了。

喜欢温和型威士忌的人初尝阿贝威士忌可能会十分抗拒，但持续尝试几次，就会发现这款酒独一无二的迷人之处。很多人一旦喜欢上了阿贝，便会上瘾，再也无法从其他威士忌找到相同的满足感了。

遗憾的是，阿贝威士忌生产规模极小，同时又是百龄坛（Ballantine's）调和威士忌的基酒之一，作为单一麦芽威士忌出售的数量少之又少。官方销售的数量一年只有200箱左右，基本上属于一瓶难求的状态。

艾雷岛产的威士忌是调和型威士忌中不可缺少的一味

调和型的威士忌在调配时着重于平衡感，调和后的酒体没有强烈的个性，圆润平衡的口味适合大众饮用。在几款调和威士忌中的大佬"百龄坛""白马（White Horse）""顺风（Cutty Sark）"中，阿贝威士忌是不可或缺的基酒。

艾雷岛产的威士忌中特有的潮水味与其他酒体调和后使香气更加有深度，口味甘甜。艾雷岛威士忌的强烈个性反而弥补和平衡了口感，在调和威士忌中被视为珍宝。

个性强烈，所以才弥足珍贵。

ARDBEG

阿贝 10 年（46%vol）
阿贝 17 年（40%vol）
阿贝 1977（46%vol）
阿贝万岛之王（46%vol）
　Ardbeg Lord of The Isles
　以 1974 年与 1975 年的原酒混合而成。
阿贝 1974 双桶（55.6%vol）
　Ardbeg 1974 Double Barrel
　阿贝系列中最高级的酒，被称为艺术之作。高酒精度数。

# 艾雷岛产区

波摩（Bowmore）
艾雷岛入门级威士忌

同是艾雷岛威士忌，北边的品种相对清爽，南边的则口感醇厚。波摩，位于艾雷岛中部，口感也介于两者之间，风味兼具清爽与醇厚，淡淡的烟熏味中还有复杂的水果和花香，绝妙的平衡感汇聚在一个小瓶子里。如果想了解艾雷岛的威士忌，作为入门酒，波摩是最适合的一款了。

波摩意为"巨大的礁岩"，创立于1977年，是艾雷岛最古老的酒厂，长久屹立不倒。它是少数在厂内仍然使用地板发麦芽的酒厂之一，现在归日本三得利公司所有。

有趣的是，酒厂把其中的一个贮酒仓库进行改装，利用蒸馏器冷却水为当地居民提供温水游泳池。威士忌酿造是艾雷岛的支柱产业，让岛民在酒厂内享受到公共福利，可以说已经与岛民生活融为一体了。

坚守古老的制造工艺

坚持使用地板发麦芽的威士忌品牌

☆ 云顶（Springbank）
☆ 高原骑士（Highland Park）
☆ 拉弗格（Laphroaig）
☆ 波摩（Bowmore）

地板发麦芽（Floor Malting），指的是原料大麦泡水、长芽、烘干的过程。也就是让大麦中的淀粉在成为麦芽的过程中糖化，有利于发酵过程的进行。老式的发芽就在一整层的水泥板或石板的楼面上进行，通常需要利用很大的空间。地板发芽的成本远高于专业麦芽厂提供的麦芽，也不能大量生产，所以只有极少的酒厂还在坚持使用这个古老的工艺。

> 真是需要技术与体力兼备的工作啊！

BOWMORE

波摩单一麦芽特选（40%vol）
Bowmore Single Select

波摩 12 年（40%vol）

波摩桶装特浓（56%vol）
Bowmore Cask Strength
陈酿 14 年以上，不加水，原酒精度装瓶。酒精强而有力，口感醇厚、浓郁。

波摩达克斯（43%vol）
Bowmore Darkest
在波本桶和雪莉桶进行陈酿，酒体颜色深、口感厚重。

波摩 15 年水手（43%vol）
Bowmore Mariner 15YO
原来只在免税店销售，目前在零售店也可以购买。

波摩 17 年（43%vol）

波摩 21 年（43%vol）

波摩 12 年

艾雷岛产区

拉加维林（Lagavulin）
柔美的口感与辛辣的刺激完美融合

不但是艾雷岛威士忌中优秀的三好学生，更是全单一麦芽威士忌中公认的艺术品级别杰作，这就是拉加维林。入口顺滑，拥有如雪莉酒般的甜香味，经常被比喻为"优雅的淑女"，但我认为拉加维林的魅力不只局限于女性的优雅，还有男性的阳刚之美。

之所以说它具有男性的阳刚之美，是因为这款酒有强烈的烟熏味，同时还有艾雷岛特有的潮水味、泥煤味。可能有些人会抵触这种独特的味道，很多人都会默默嘀咕"太呛了……"，但是这种迷人的浓烈风味也让很多人难以忘怀。

在拉加维林酒厂入口处，伫立着一座白马造型的大型招牌。这是为什么呢？原来拉加维林也是白马（White Horse）威士忌的核心调和基酒之一。品尝白马威士忌时不妨找一找拉加维林的味道，也是一种乐趣。

拉加维林原本出售的威士忌以12年陈酿为主，现在主要出售16年陈酿。16年陈酿的口感更加圆润，也体现了酒厂对质量的坚持和追求。

LAGAVULIN

拉加维林 16 年（43%vol）

*参见本书第27页

今晚的推荐！

这是UDV公司在"经典麦芽系列"中强力推荐的一款酒哦！

*UDV, United Distillers Vintners 联合酿酒集团。

泥煤味是艾雷岛的独有特色

Q：您总说威士忌具有泥煤味（Peat），到底泥煤是什么呢？

A：泥煤是拥有特殊香气的泥炭。

泥煤是指在生产苏格兰威士忌的过程中，为了烘干麦芽而燃烧的石楠类植物干枯后被压埋在地下所形成的干燥物。泥煤燃烧产生的烟能够渗透到麦芽中，产生特有的烟熏香味。

用泥煤来熏烤麦芽是关键。

要想让威士忌带有迷人的烟熏香味，

泥煤风味的轻重与麦芽受到泥煤烟气的熏烤程度有关

麦芽残留的水分		
多 ↑	厚重的泥煤味	
少 ↓	清淡的泥煤味	

麦芽的干燥程度对泥煤味起到了十分关键的作用。麦芽中水分越高，越容易吸收燃烧产生的烟，泥煤味随之变得厚重。

熏烤时间		
短 ↑	微弱的泥煤味	
长 ↓	强烈的泥煤味	

熏烤麦芽时间越长，泥煤味越浓烈。

艾雷岛产区

拉弗格（Laphroaig）
查尔斯王子最钟爱的威士忌

虽然拉弗格是艾雷岛产区最具代表性的威士忌之一，但人们却对它褒贬不一。不喜欢的人会认为拉弗格有一股消毒水味，喜欢的人则为它的泥煤味迷醉，喝下一口拉弗格，感觉心都飞到了艾雷岛。

的确，拉弗格对于初学者来说难度较高，但对于资深威士忌爱好者来说，拉弗格在威士忌中的地位是不可替代的。拉弗格在1988年的"国际葡萄酒与烈酒大赛"上被评为最佳单一麦芽威士忌，一直以来在全世界范围内的免税店里都有着居高不下的人气。

创立于1815年的拉弗格酒厂，因接受终年不断的冷烈海风，加上创立以来坚持不变的传统蒸酿流程，塑造出最具原始艾雷岛风格的威士忌，因此被举世公认为最具代表性的艾雷岛威士忌蒸馏厂。独特的泥煤味来源于泥煤中的大量青苔，这使得威士忌在酿造后喝起来有种像药水一样的味道。拉弗格酒厂为保留这独特的风味，坚持使用波本桶进行陈酿，陈酿后的酒液有微微的烟熏味，同时带有甜味、海盐味以及厚重的泥煤味，令人难忘。

世界上有无数拉弗格的忠诚拥戴者，其中一位就是英国的查尔斯王子。拉弗格因此成为皇室专供威士忌，并且授封皇室徽章，是唯一拥有皇室认证的纯麦威士忌，也是唯一在瓶标上使用皇室印章的威士忌。

今晚的推荐！

LAPHROAIG

拉弗格10年（43%vol）
拉弗格10年桶装特浓（57.3%vol）
　　Laphroaig Cask Strength 10 Years Old
　　虽然同样是10年陈酿，却比装瓶的酒精度数更高。
拉弗格15年（43%vol）
拉弗格30年（43%vol）
　　经过雪莉桶陈酿后，起初有浓郁的泥煤味，而后在口中慢慢释放出丝丝甜味。

拉弗格10年

艾雷岛威士忌攻略

艾雷岛威士忌全貌

艾雷岛总共只有8个酒厂。同是艾雷岛产的威士忌，风格却不尽相同，比如可以体验到酒中"富有潮水味""少泥煤味""甜度高"等，不妨边尝边做比较。

布鲁克莱迪克（Bruichladdich）

除了艾雷岛的特有属性，酒体较轻盈，有淡雅的泥煤口感，显示出鲜明的海洋特质。适合作为餐前酒饮用。

邦纳海贝因（Bunnahabhain）

以烟熏泥煤风格著称，艾雷岛上只此一家选择未流经泥煤底层的清泉水源，不使用经泥煤熏干的麦芽，塑造出无泥煤基调的威士忌，酒体最轻。在美国受到极高的追捧，属于艾雷岛入门酒。

波摩（Bowmore）

（见本书第48页）

卡尔里拉（Caol Ila）

水源盐味重、富含矿物质、泥煤味重，因此赋予了卡尔里拉非常独特的风味。如果喜欢艾雷岛威士忌且想要尝试更特别的味道，那么卡尔里拉值得一试。

波特艾伦（Port Ellen）

1984年闭厂，现在主要提供岛上各家蒸馏厂所需的麦芽原料。目前只能品尝到市面上仅有的珍藏品。

阿贝（Ardbeg）

（见本书第46页）

拉弗格（Laphroaig）

拉加维林（Lagavulin）

（见本书第50页）

哎呀……我有点喝高了。

53

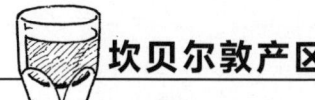
坎贝尔敦产区

云顶（Springbank）
打开它，空气中都弥漫着甜甜的香气

只要一打开瓶塞，香气立即会弥漫到房间的各个角落。抿一口云顶，感觉犹如丝绸般顺滑。在这样浪漫的气氛下，女士来品尝云顶是最适合不过的了。

云顶酒厂位于坎贝尔敦，在苏格兰本岛西侧。在全盛时期，三十余家蒸馏厂同时生产，但不幸陆续关门。

究其原因，要追溯到1920年，在美国颁布禁酒法案后，坎贝尔敦因拥有绝佳的地理优势，大量出口廉价的低品质威士忌。为了眼前的利益而砸了自己的招牌，坎贝尔敦产的威士忌口碑越来越差。酒业的严重萧条，使三十多家坎贝尔敦地区的酒厂纷纷倒闭，最后只剩下云顶一家。

云顶酒厂是苏格兰唯一一家从生产麦芽、蒸馏、陈酿到装瓶皆自给自足的大型酒厂。传承近200年至今，旗下威士忌自发酵、蒸馏到储存，几乎采取全手工方式打造，更坚持不冷凝过滤、不加焦糖着色，维系最正统的苏格兰威士忌风味。正是由于他们对保留原创风味的坚持，才能延续这难得的百年品质。

云顶酒厂的小众品牌朗格罗（Longrow）

喝过云顶威士忌后，想要尝试更"重口味"品种的酒客们，可以尝试出自云顶酒厂的小众品牌朗格罗（Longrow），相信一定不会失望。

朗格罗以重度泥煤烘焙的麦芽酿造而成，经过两次蒸馏，酒中浓厚强劲的泥煤味为一大特色。抿一口后，舌尖会留下盐味和辛辣味。舌尖、喉间，烟熏气息萦绕其中，让资深饮者们深陷其中。

约会时，女士喝云顶，男士喝朗格罗，大概是最美妙的搭配了。

同一家酒厂里酿出了截然不同的味道。

SPRINGBANK

云顶10年（46%vol）
大部分使用波本桶进行陈酿。

云顶15年（46%vol）
大部分使用雪莉桶进行陈酿。

云顶10年

其实我不太喜欢直饮威士忌，但是这款酒很顺滑，直饮也没问题。

不愧是以香甜温和的口感著称的女士酒呀！

真的是这样呢！

那么再来一杯吧！

 低地产区

欧肯特轩（Auchentoshan）
三次蒸馏打造圆润口感和轻柔酒体

苏格兰南部低地产区的威士忌，因为当地气候相对温暖，多数威士忌的酒体轻盈。

欧肯特轩是低地产区的代表威士忌，属于柔和型，喜爱者众多。这一品牌适合作为餐前酒，或像红酒一样随餐饮用。

低地威士忌的传统酿造工艺是进行三次蒸馏。不难想象，经过多次蒸馏后，酒液中的杂质含量会降低，更加接近纯粹的酒精液体，这也是低地威士忌口味清爽、酒体轻盈的主要原因之一。

虽说三次蒸馏是低地产区的传统工艺，但是依旧坚持的仅有欧肯特轩酒厂。这也就是它极具收藏价值和拥有珍贵地位的缘由了。

欧肯特轩的创始人据说是爱尔兰人。目前归日本三得利公司所有。

AUCHENTOSHAN

欧肯特轩 10 年（40%vol）
欧肯特轩 三桶（43%vol）
Auchentoshan Three Wood
经过三桶陈酿的威士忌。三桶是指北美橡木的波本桶、西班牙甜雪莉酒桶和佩德罗－希梅内斯（Pedro Ximenez）雪莉桶。

欧肯特轩 21 年（43%vol）
淡雅且温和的风味，是低地的经典口味。

今晚的推荐！

GLENKINCHIE

格兰金奇 10 年（43%vol）

悠长又略带甘味

保持了低地产区特有的轻盈型特点，入口甘爽，略带辛辣香气。是 UDV 公司出品的"经典麦芽系列"中代表低地酒的一款。这个酒厂的经营方式比较独特，自家栽培大麦等原材料，制造过程中余下来的原材料用于家畜饲料。

> 使用余下的大麦渣喂养的肉牛，肉质口感柔韧。作为高品质的肉牛，在当地评价很高。

(气泡标签：其他低地威士忌，再来一杯吧！)

LITTLEMILL

利磨坊（40%vol）

带有三叶草蜂蜜香，伴有悠长的薄荷糖浆味

独特的香味与其他低地酒形成明显的反差。使用柱式蒸馏器来生产麦芽威士忌也是其与众不同的特点之一。

利磨坊酒厂成立于 1772 年，直到 1994 正式停产，是苏格兰酿酒历史最悠久的蒸馏厂之一，位于卡莱德河畔，使用的水源是高地水。

 苏格兰岛屿产区

高原骑士（Highland Park）
融合威士忌的所有经典特性

在苏格兰周边几个小岛陈酿生产的威士忌称为岛屿麦芽威士忌（Island Malts）。比起低地、高地与斯贝塞产区，岛屿产区的酒厂长年受海风吹拂，遂酒液中带有潮水味。此外，大半还留存了苏格兰早期以泥煤熏制发芽大麦的传统酿造技法，而北国岛屿居民特有的沉默坚毅性格，也充分体现于其酿造哲学与酒质表现上，创造出苏格兰岛屿威士忌独树一格的风味。

单一麦芽威士忌教父、评论家迈克尔·杰克逊曾称赞高原骑士为"全麦芽威士忌中最优秀的餐后酒"，古典派麦芽威士忌的优点——麦芽的香味、甜味、烟熏香、圆润顺滑、复杂的层次感……都浓缩在这一瓶绝妙的威士忌中。

高原骑士至今坚持"地板式发芽"（见本书第48页）的制造工艺，并使用酒厂秘制的泥煤，是高品质的关键。

高原骑士酒厂是最古老的酒厂之一，位于北纬59度的奥克尼群岛之上，也是七十多个岛屿中位置最北的酒厂。

「 HIGHLAND PARK 」

今晚的推荐！

高原骑士 12 年（43%vol）
系列中的基本款，最适合作为餐后酒。

高原骑士 18 年（43%vol）

高原骑士 25 年（53.5%vol）
此款是原酒精度装瓶，因此酒精度数高，有浓厚的巧克力奶油芳香。

高原骑士12年

SCAPA

斯卡帕（40%vol）

干果的芳醇与淡淡的潮水香

浓郁的鲜花和花蜜的芳醇，还有香料味和微微的潮水香，口味复杂，是充满个性的麦芽威士忌。斯卡帕是百龄坛威士忌的调和基酒之一，曾经只为调和威士忌生产基酒。近年酒厂开始以独立装瓶（见本书第62页）的形式出售斯卡帕的单一麦芽威士忌。斯卡帕酒厂距离高原骑士酒厂约2公里左右。

 苏格兰岛屿产区

泰斯卡（Talisker）
硬汉的标配

如果在经历过巨大的悲痛、深刻的感悟或者是感动后，想不露声色地在夜深人静时喝一杯威士忌，那么泰斯卡是最应景的一款了。

一口喝下去，嘴里像是着火了一样火辣，辛辣味连绵不断地层层涌现。口感中带有重烟熏味和胡椒、海盐味，威士忌专家曾点评泰斯卡"宛如在舌尖爆炸"，但过喉后，又有一股圆润的甜味和麦芽香味。

泰斯卡最好是直饮，还有一种喝法就是将几滴泰斯卡滴入温和型的调和威士忌中，对比口感的变化。

有着强烈岛屿特征的泰斯卡威士忌，其酒厂目前仍然是斯凯岛唯一的麦芽威士忌酒厂。在凯尔特语中，斯凯岛的名字"Skye"意为"羽翼状的岛屿"。因气候原因，岛屿经常晨雾缭绕，因此又名为"雾岛"。它那独特带烟熏的甜味以及相当有力量的特性，让它在盲饮时也很容易被辨识出来。

TALISKER

泰斯卡 10 年（45.8%vol）
本书第 27 页中介绍的 UDV 公司出品的"经典麦芽系列"中的一款。

也适合一个人静静啜饮，回忆往事。

今晚的推荐！

ARRAN

艾伦单一麦芽（43%vol）
艾伦顶级单一麦芽（57.6%vol）
艾伦苏格兰画家珍藏（43%vol）
Arran Scottish Painters Collection

约160年历史，重新创立于1995年。艾伦威士忌拥有香草香料和干果坚果香味。加水之后，呈现出更浓烈的柑橘、软糖和蜂蜜风味。

艾伦单一麦芽

其他岛屿威士忌，再来一杯吧！

艾伦威士忌酒如其名，是在琴泰半岛（Kintyre）附近的艾伦岛（Arran）生产的。

ISLE OF JURA

朱拉岛10年（40%vol）

苏格兰最小且最偏远的岛屿，朱拉酒厂位于朱拉岛东南部。口感与高地威士忌相似，甜味重，适合女士饮用。

其他岛屿威士忌，再来一杯吧！

 装瓶

原厂装瓶与独立装瓶
名称一样却各具特色

你是否曾在酒吧或烟酒专卖店中，看到相同的单一麦芽威士忌，却有着不同酒标、酒瓶？其实，有一部分单一麦芽威士忌分为原厂装瓶（Official Bottle）和独立装瓶（Bottler's Brand）两种。

原厂瓶装威士忌是指委托装瓶商做单独灌装威士忌。（实际上拥有装瓶技术的设备的酒厂很少，所以委托第三方并不是少数。）

独立装瓶与原厂装瓶相反，是由未拥有酒厂的公司向其他酒厂购买桶装威士忌，并自行进行陈酿及装瓶等作业，再以自家公司的品牌推出。

独立装瓶与原厂装瓶的不同之处在于，独立装瓶品牌可以量身定做想要的威士忌（蒸馏年份、陈酿年数、酒精度数），与原厂装瓶相比有很大的随机性，每一年推出的威士忌都会有很大的不同。

想了解不同风味，不妨尝试迷你威士忌

每种都想尝试，但是又不知道自己喜欢哪一款？为了避免不必要的花费，可以尝试迷你款威士忌。

不只是品尝，迷你款作为收藏也是非常好的选择。如果有机会去苏格兰当地，你可以看到几千甚至几万个等比例缩小的迷你款限量威士忌。但是，如果想要收藏和保值的话，最好不要开瓶。

一瓶迷你威士忌的容量大概就是双倍（Double）的量。

独立装瓶商

独立装瓶 No.1

高登麦克菲尔公司（Gordon & Macphail）

高登麦克菲尔公司1895年从高级食品店转行做苏格兰第一个政府登记的威士忌装瓶厂，在当地是响当当的百年老铺。

高登麦克菲尔公司向第三方采购经过蒸馏的威士忌酒液，用自家秘制的雪莉桶进行陈酿。酒厂中总酒桶的陈酿数量超过一万七千桶，库存量和规模都相当庞大。格兰威特1967、格兰威特1936、斯特拉塞斯拉35年等知名威士忌都出自此公司。

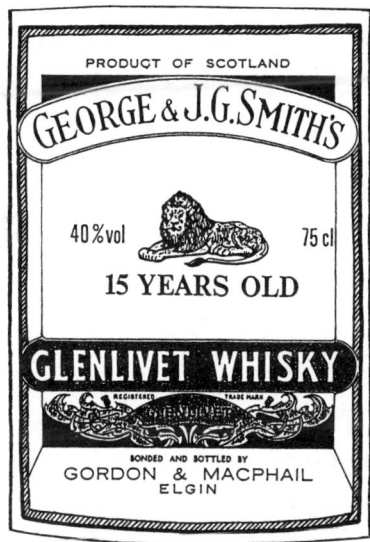

高登麦克菲尔公司推出的格兰威特15年威士忌

你看，这就是我之前和你说的迷你威士忌。

喏，送给你。

真的吗？谢谢你，店长！

很多威士忌收藏者们都在收集迷你威士忌。

装瓶

独立装瓶 No.2

独立装瓶商

凯登汉德公司（Cadenhead）

说起凯登汉德，可以说是无人不知无人不晓，与高登麦克菲尔公司并称为独立装瓶业界双雄。总部位于坎贝尔敦。该厂商坚持不对威士忌进行焦糖着色或是冷凝过滤等程序，并直接以单一桶装原酒的形式将产品装瓶上市，酒精浓度虽高，但保留了麦芽原始而强烈的风味，是将单一桶装原酒推广到全世界的第一功臣。

推荐格兰威特1988、麦卡伦1969、布莱德诺克16年等。

出自凯登汉德公司的卡尔里拉1989威士忌

啊，坎贝尔敦湖，如果你的湖水是威士忌，我愿把湖水喝干！

啊，坎贝尔敦湖（Loch），如果你的湖水是威士忌……

"Loch"是湖泊或海湾的意思，这首歌说的是如果湖中的水都是威士忌的话……

看标识酒

独立装瓶 No.3 圣弗力（Signatory）

波摩 1974 年

具有设计感的 S 标是品牌标志

该装瓶厂的装瓶方式，全部是单一桶装，基本不会与其他桶中的威士忌兑和。标签上有桶号和瓶号，能够体会用不同木桶储藏威士忌的个性。

独立装瓶 No.4 月球进口（Moon Import）

斯卡帕 11 年

崭新的标签设计，堪称艺术品

使用 CG 技术设计的酒标，有爬行动物、鸟类、古老汽车、月亮的世界等多个系列，作为收藏家的榜上品牌，人气很高，也是拍卖行的常客。

独立装瓶 No.5 威尔森与摩根（Wilson & Morgan）

格兰冠 20 年

酒标上的陈酿年数一目了然

成立于 1992 年的一家新公司，拥有不同陈酿年数的威士忌，都是在最成熟的条件下装瓶。威尔森与摩根公司作为独立装瓶业界的新星备受关注。同时，简约剔透的瓶子外形设计也备受欢迎。

独立装瓶 No.6 金斯伯里（Kings Bury's）

斯卡帕 16 年

酒标上写有专家酒评

红色的公司名和标志惹人注目。酒标上还有威士忌鉴定师的酒评。

在酒厂工作的猫司令

现在的酒厂大多委托第三方来生产大麦，但是早期的酒厂不仅自己生产大麦，同时还有大量的原料库存。当威士忌酒厂燃起直火烘烤大麦芽时，整个酒厂都弥漫着烤麦芽的香味。此时，饥肠辘辘的老鼠就会伺机出动，偷吃地板上的麦芽，在麦芽上随处造窝。于是酒厂纷纷收养生存环境恶劣甚至威胁到生命的野猫，因为这样的猫有比较强的捕鼠能力。这些野猫被酒厂聘任为猫司令，官方称为"威士忌猫（Whisky Cat）"。

世界上最有名的猫司令非格兰塔（Glenturret）酒厂的 Towser 莫属了。它在 24 年间捕捉了 28899 只老鼠，还被收入了吉尼斯世界纪录。酒厂为了纪念这只战功赫赫的猫司令，还专门为它立了一座铜像，放在酒厂门口以兹纪念。现在如果到这家酒厂参观，还有 Towser 的周边产品出售。

威士忌酒厂的猫司令并没有因为新技术的出现而消失。守护酒厂的猫是一种文化符号，更是一种威士忌酿造工艺的传承。目前在波摩酒厂和高地酒厂依然可以看到猫司令作为酒厂注册员工的一分子，"持证上岗"。

* 图中 Towser 的画借鉴了 C.W. 尼克《威士忌猫咪》中的照片（森山彻摄影）。文章中关于 Towser 的资料来源于三美株式会社。在这里表达真挚的感谢。

第 2 章
苏格兰调和威士忌与爱尔兰威士忌

― 平衡感强,风格截然不同 ―

什么是"调和"?

调和威士忌如同艺术作品
酒香交织成的交响曲

在家里独自喝一杯自然很好,而到常去的酒吧里,与店长和熟客们一起畅谈饮酒,更是一种享受。在席间交流自己对威士忌的看法,可以引起互动,激发思想上的交流,使人际交往和威士忌学习产生良性循环。

说起来,调和威士忌也是如此:原料的麦芽和其他十几种谷物调和,让口味更加丰富,各自的风味就像和谐的交响曲。

调和威士忌的地位并不低于单一麦芽威士忌,同样是具有魅力的威士忌品种。初学者如果想尝试调和威士忌,建议先品尝易入口的品种。

选定调和型威士忌品牌基调的,是威士忌的首席调配师,他们会从酒厂内几万桶的储备威士忌中找出合适的基酒。要知道每种基酒按照什么比例混合,不只是通过品尝,更多的是依靠超凡的嗅觉来完成调配工作,真是让人惊叹。

调和威士忌的四种级别

根据威士忌品牌间的不同,调和威士忌主要依据调和比例和陈酿年数分成四种级别。

珍藏威士忌(Deluxe Whisky)
谷物基酒与麦芽基酒比例为1:1。调配后陈酿15年以上。

高级威士忌(Premium Whisky)
谷物基酒比例为40%~50%。调配后陈酿12年以上。

次高级威士忌(Semi-Premium Whisky)
谷物基酒比例为40%左右。调配后陈酿10~12年。

普通威士忌(Standard Whisky)
谷物基酒比例为30%~40%。调配后陈酿5~10年。

只靠香气就能调和

将不同的个性融为一体

威士忌的调配师需要了解所有基酒的个性特征，把温柔的、强烈的、清爽的等数十种不同风格的基酒融合到一起，酿造出独一无二的调和威士忌。

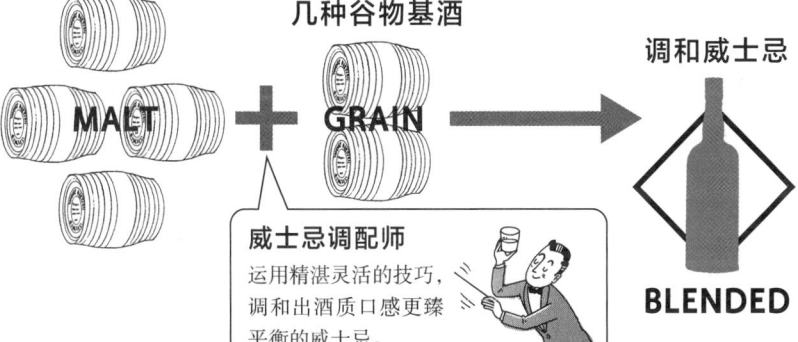

数十种麦芽基酒 MALT ＋ 几种谷物基酒 GRAIN → 调和威士忌 BLENDED

威士忌调配师：运用精湛灵活的技巧，调和出酒质口感更臻平衡的威士忌。

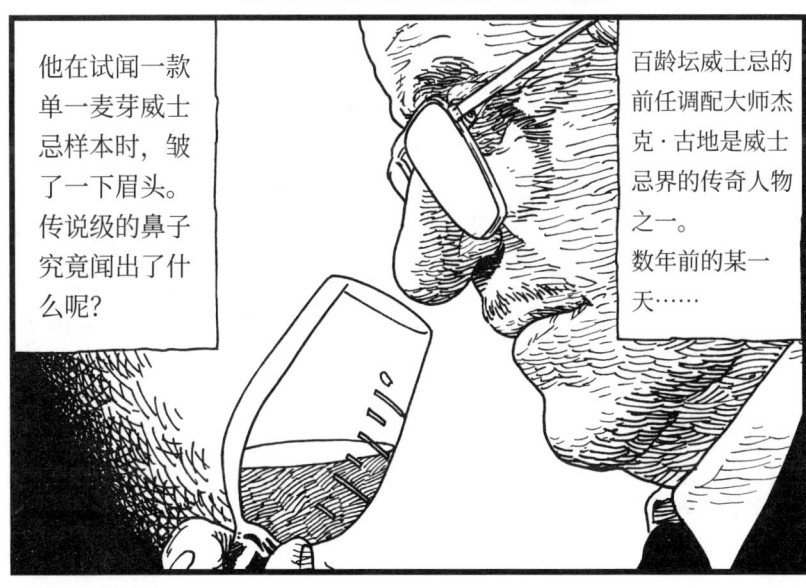

他在试闻一款单一麦芽威士忌样本时，皱了一下眉头。传说级的鼻子究竟闻出了什么呢？

百龄坛威士忌的前任调配大师杰克·古地是威士忌界的传奇人物之一。数年前的某一天……

苏格兰

百龄坛（Ballantine's）
数十种基酒调和出浓郁芳香

在运输不发达的年代，百龄坛是威士忌爱好者心目中超高级的一款威士忌。直到现在，依然是全球高档威士忌品牌之一，有着不可撼动的地位。据说在欧洲，人们品尝的威士忌中，每三瓶就有一瓶是百龄坛。

百龄坛品牌的几款酒的主要共同点就是甘甜、果香、圆润、轻盈。百龄坛最基本的一款"特醇（Finest）"调配了57种麦芽和4种谷物基酒。这么多种类的基酒调配得如此和谐又恰到好处，不得不让人佩服。在调和百龄坛中有一款基酒"登巴顿（Dumbarton）"，它使得酒液的口感绵密细腻、柔和而顺滑。

百龄坛12年皇家蓝色苏格兰威士忌（Royal Blue 12 Years），由前任首席调配大师杰克·古地和现任首席调配大师罗伯特·希克斯共同调配。这款酒目前只在日本出售。

一支名为"苏格兰"的守卫队Scotch Watch!

鹅群守护的酒仓

一边发出"咯咯"的叫声，一边守护着广大的陈年酒仓，这些鹅群被誉为百龄坛的守卫队。利用鹅群来充当警卫的想法是在1959年建立酒仓时，酒厂老板汤姆·斯科特（Tom Scott）的想法。从此以后，酒仓中就经常可以见到数十只鹅守护着陈酿的酒桶，以防止小偷的造访。

直到现在，这群鹅已然成了百龄坛酒厂的招牌，每天都勤勤恳恳地为酒厂巡逻护驾。

百龄坛皇家蓝色 12 年

> 今晚的推荐！

BALLANTINE'S

百龄坛特醇（40%vol、43%vol）
Ballantine's Finest

百龄坛金玺 12 年（40%vol）
Ballantine's Gold Seal 12 Years

百龄坛 12 年（40%vol）
可饮用于兑饮

百龄坛皇家蓝色 12 年（43%vol）
Ballantine's Royal Blue 12 Years

百龄坛 17 年（43%vol）

百龄坛 30 年（43%vol）
世界上最高雅的调和威士忌之一。

使用于百龄坛的主要基酒
阿贝（Ardbeg）（见本书第 46 页）
拉弗格（Laphroaig）
（见本书第 52 页）
米尔顿达夫（Miltonduff）
优雅、轻盈的麦芽基酒。
格兰伯奇（Glenburgie）
基酒精致、甜美是主要特色。

> 一起来尝试调和威士忌中的基酒吧！

在调和威士忌中进行调配的主要基酒称为"Key Malt"，是塑造酒体口味、风味的重要角色。在尝试调和威士忌的同时，可以品尝其中主要的基酒，以及其他使用同款基酒的不同调和威士忌。
例如，使百龄坛口感更加醇厚、富有淡淡烟熏味的是阿贝。可以与以阿贝为基酒的其他调和威士忌进行比较。

苏格兰

芝华士（Chivas Regal）
19 世纪以来代代相传的"皇家之酒"

丝绒一般的口感，挥之不散的芳香，醇厚又轻盈的芝华士，不仅男士喜欢，女士也钟爱。

日本前首相吉田茂曾去英国读书，初饮芝华士威士忌后，非常喜爱，一直到去世之前都每日不离威士忌杯。在苏格兰威士忌中，芝华士是声誉极高的调和威士忌之一。

原酒的关键基酒是来自斯贝塞产区的斯特拉塞斯拉（Strathisla）。如果没有斯特拉塞斯拉，就等于没有芝华士，于是芝华士公司为了保证品质和酒源，豪气地买下了斯特拉塞斯拉酒厂。

芝华士公司在 1870 年推出了第一款"Royal Glen Dee"，名声大噪。后来经过重复研究和调配，推出了一款升级版，也就是我们今天看到的芝华士（Chivas Regal）。芝华士的品牌名称，意为"皇室的"或"卓越不凡的"，从中能够看出品牌对自身品质的自信。

"能够超越芝华士的，只有芝华士。"这句耳熟能详的广告语，在 20 世纪初芝华士进入美国、加拿大市场后使芝华士名噪一时。多数经典威士忌广告案例均来自芝华士，能够看出品牌自信的代代相传。

CHIVAS REGAL

芝华士 12 年
（40%vol）

芝华士 18 年
（40%vol）

▎**芝华士的主要基酒**
斯特拉塞斯拉（Strathisla）（见本书第 36 页）
格兰威特（The Glenlivet）（见本书第 32 页）
格兰契斯（Glenkeith）
　　有熟透的苹果香气，余味清爽。

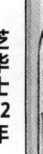
芝华士 12 年

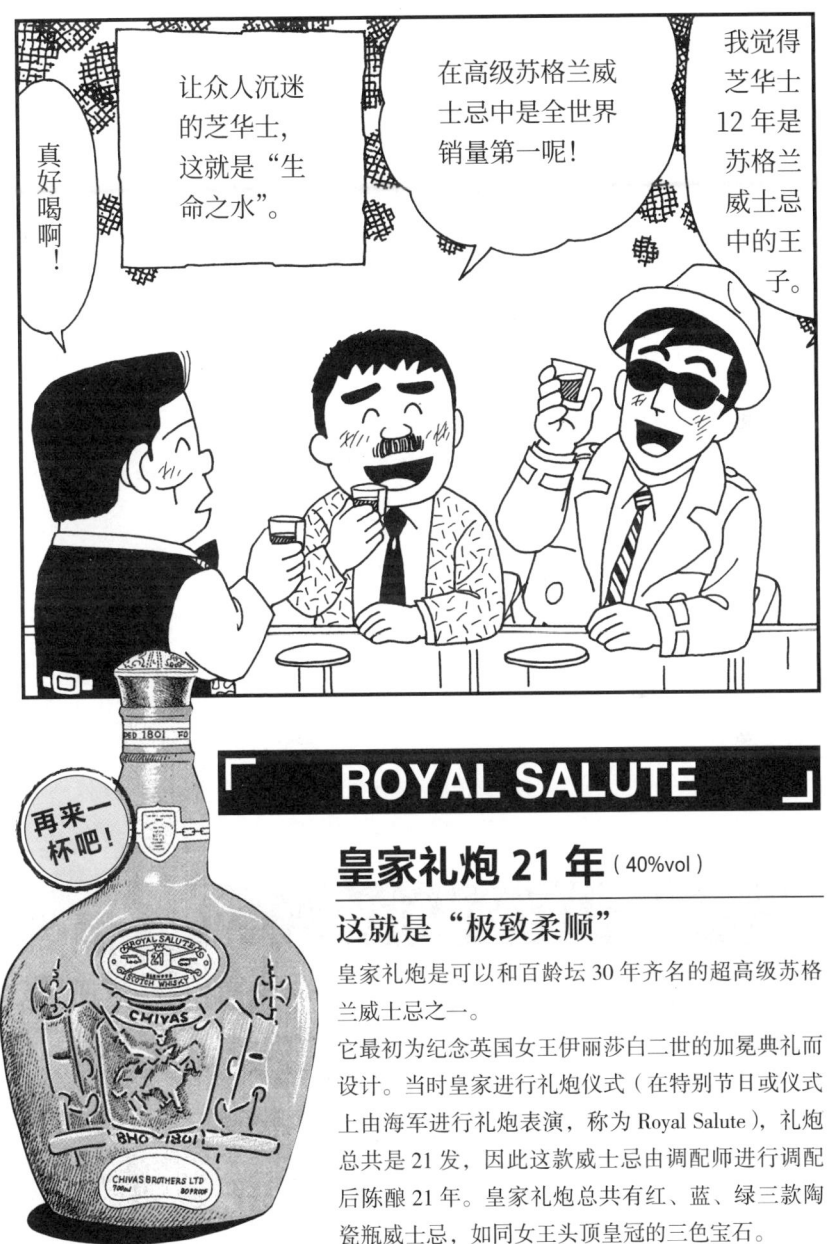

ROYAL SALUTE

皇家礼炮 21 年（40%vol）

这就是"极致柔顺"

皇家礼炮是可以和百龄坛 30 年齐名的超高级苏格兰威士忌之一。

它最初为纪念英国女王伊丽莎白二世的加冕典礼而设计。当时皇家进行礼炮仪式（在特别节日或仪式上由海军进行礼炮表演，称为 Royal Salute），礼炮总共是 21 发，因此这款威士忌由调配师进行调配后陈酿 21 年。皇家礼炮总共有红、蓝、绿三款陶瓷瓶威士忌，如同女王头顶皇冠的三色宝石。

 苏格兰

顺风（Cutty Sark）
"帆船"威士忌，麦芽香韵回味悠长

顺风威士忌富有橙子香味，清爽的柑橘香让人神清气爽，正符合帆船出海的风景画面。顺风威士忌的英文名为"Cutty Sark"，是由苏格兰著名艺术家詹姆斯·麦克维命名，酒瓶上的酒标也是出自此艺术家。

顺风是红酒大商贝利公司在20世纪后第一次推出的威士忌品牌。据说当时詹姆斯被邀请到新威士忌品牌的命名会，在会上詹姆斯讲述了历史上最后一只茶船——一艘从中国运输红茶的高速帆船，名为"Cutty Sark"。命名会的所有人当场拍手叫好，这就是顺风威士忌名字的由来。

在数十个国家畅销的威士忌大牌"顺风"，就是在这样一个小小的命名午餐会上诞生的。

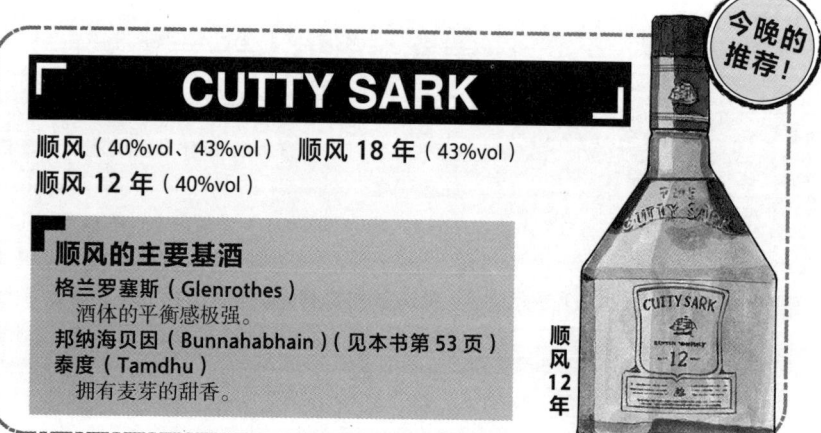

CUTTY SARK

顺风（40%vol、43%vol）　顺风18年（43%vol）
顺风12年（40%vol）

顺风的主要基酒
格兰罗塞斯（Glenrothes）
　酒体的平衡感极强。
邦纳海贝因（Bunnahabhain）（见本书第53页）
泰度（Tamdhu）
　拥有麦芽的甜香。

顺风12年

今晚的推荐！

了解威士忌的颜色

Q：店长，威士忌一般是琥珀色，但是每一种都有微妙的区别对吧？

A：白色背景下呈45度倾斜角，把杯子放光源下面可以观察颜色。

如果只是看一杯的话，可能看不出来区别。可以把几款酒放在一起做个对比。只要透过光线观察，不但能看出颜色差异，还能比较出光泽的不同。

威士忌的颜色并不代表它的年龄。欣赏味道的同时，也观察一下颜色吧！
（苏格兰威士忌会使用不影响味道的焦糖来调整颜色。）

这杯麦芽威士忌呈明亮的金黄色，边缘还泛着绿色的光芒。

把杯子举到灯光下。

颜色

琥珀色也有红色系和黄色系等。可以把白色餐巾或餐布作为背景便于观察。

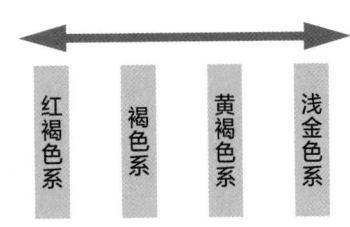

| 红褐色系 | 褐色系 | 黄褐色系 | 浅金色系 |

透明度

威士忌杯透在灯光下，能够看到透明的琥珀色。透明度不同，酒体的浓度则不同。

光泽度

润滑、明亮，或有质感。有的酒体具有丝绒一样的流线，有的则呈现瓷器一般的光泽。

 苏格兰

威雀（The Famous Grouse）
苏格兰国鸟展翅高飞

威雀，虽然在日本知名度不如其他苏格兰威士忌，但它在苏格兰却连续25年获得最受欢迎的威士忌品牌称号，在世界威士忌总排名中稳居前十行列。

格洛歌（Gloag）家族最早以开食品杂货铺为生，后来家族的第三代店长马修·格洛歌在苏格兰皮尔斯（Perth）创立了一家独树一帜的威士忌酒厂。其生产的最具有代表性的佳酿就是口感极其顺滑的苏格兰威士忌。每当英国皇室远赴苏格兰狩猎威雀时，必定携带格洛歌家族酿造的威士忌作为御寒及狩猎成功庆祝之用。

这款酒因受到皇室的青睐而远近闻名，人们点酒时不再叫其酒名，而是直接说："给我来一杯威雀（The Famous Grouse）"，于是家族当权者就决定将"威雀"作为其威士忌酒的品牌名。

还有一句广告语点燃了威士忌爱好者的热情："威雀如同与你共度良宵的恋人。一杯威雀，便足够了。"在全世界翱翔的威雀，想知道它是什么味道，应该亲自品一品才是。

宿醉要以毒攻毒？（Hair of the Dog）

在英国的民间有一种偏方：如果被狂犬咬伤了，就用那只狂犬的狗毛消毒疗伤。这种以毒攻毒的治疗方法叫作"Hair of the Dog"，苏格兰威士忌中也有同名威士忌，酒液中添加了蜂蜜和奶油，营养价值极高，喝下去有缓解宿醉的疗效。不过，这款酒只能改善宿醉的不适感，而不能从根本上解决问题。

从古至今皆如此。

今晚的推荐！

「THE FAMOUS GROUSE」

威雀特醇（40%vol）

The Famous Grouse Finest
系列中的经典款。在苏格兰拥有高人气的调和威士忌代表。

威雀 12 年金雀（40%vol）

The Famous Grouse Gold Reserve 12 Years Old
金雀，酒标为金色。经典款威雀被评价为"口感极其柔润"，陈酿 12 年的威士忌口感令人期待。

威雀特醇

威雀的主要基酒

格兰罗塞斯
（Glenrothes）
（见本书第 74 页）
泰度（Tamdhu）
（见本书第 74 页）
高原骑士
（Highland Park）
（见本书第 58 页）
邦纳海贝因
（Bunnahabhain）
（见本书第 53 页）

喔，这就是威雀呀！

在英国本土的酒吧里喝得最多的就是这一款了。

苏格兰

格兰（Grant's）
家族五代传承，守护最原始的味道

格兰拥有斯贝塞地区中部的浓烈花香特征，又有深厚的醇美风味。在日本有一大批格兰威士忌的忠实粉丝。

如果你看到三角形瓶体的格兰威士忌，一定会想到本书第一章讲述的格兰菲迪。没错，这两个品牌均来自同一家公司——格兰父子公司。创始人威廉·格兰最早只生产单一麦芽威士忌基酒，供货给调和威士忌品牌，但不幸的是合作方纷纷倒闭，为了挽救公司局面，威廉独自创立了调和威士忌品牌。

格兰威士忌在英国迅速发展，目前在全世界范围内有大量的追捧者。格兰父子公司从绝境起死回生的原因在于，直到现在五代家族成员仍坚持着分工协作，拒绝所有大公司的橄榄枝，只专心坚守始终如一的品质。

三角形的瓶体，每一面上分别代表了火（直火工艺）、水（优质软水）、土（大麦和泥煤），均是大地的恩惠。能够看出创立人威廉·格兰对家族和品质的信念。

GRANT'S

格兰家族珍藏（40%vol、43%vol）

Grant's Family Reserve
可以每日饮用的经典款，至今保持着与20世纪初一样的口感与风味。
共两款：酒精度40%vol，容量700ml；酒精度43%vol，容量750ml。

格兰的主要基酒

格兰菲迪（Glenfiddich）（见本书第30页）
百富（The Balvenie）（见本书第24页）

三角瓶体中的信念

大地的恩惠：
大麦与泥煤 —— 土

从上面
看瓶体

水 — 优质的软水

火 — 石炭的直火工艺

由格兰父子公司出品的其他威士忌

麦格雷戈家族（Clan MacGregor）
（40%vol）

传统芳醇风味

号称是格兰威士忌的副牌。略带甜味，在美国市场相当受欢迎。近年销量也在直线上升。

戈登高地人团（Gordon Highlanders）
（40%vol）

军队的官方威士忌

应苏格兰当地著名军队戈登高地人团要求酿造而成的威士忌。属于军队官方威士忌。口感平衡。

今晚的推荐！

79

苏格兰

珍宝（J&B）
容易入口的苏格兰威士忌，销量位居世界第二

珍宝威士忌入口不刺激，爽快的泥煤味让人舒心。该威士忌以斯贝塞产区的麦芽威士忌作为基酒调配，特色鲜明的醇香受到全世界威士忌爱好者的喜爱，位居全世界销量第二。

该品牌创始人来自意大利，这在威士忌业界内比较稀有。这位创始人叫贾科莫·尤斯泰里尼（Giacomo Justerini），他为了深爱的歌剧歌手来到伦敦创业，最开始在英国红酒业大获成功。在1760年，英国国王乔治三世授予了珍宝威士忌（J&B）第一张"皇室御用酒许可证"。此后珍宝威士忌（J&B）共获得了八代英国国王颁发的"皇室御用酒许可证"，是获得最多皇室御用许可证的威士忌品牌。

在珍宝威士忌的酒标上记有历代英国国王、女王的尊称。公司在19世纪90年代后积极推出了多款自有威士忌品牌，现在的"珍宝J&B"面世是在20世纪以后。珍宝威士忌同时进入了美国市场，其成熟的市场销售手段使得品牌在美国获得了前所未有的反响，这位痴情的意大利创业青年在异国他乡获得了巨大的成功。

一瓶威士忌可以喝到所有基酒的味道？

如果把现在所有的麦芽和谷物基酒调配到一起会是什么味道呢？世界上还真有一款酒，叫作"珍宝创世纪（J&B Ultima）"。这款酒融合了苏格兰现存的94家酒厂和已经关闭了但还有基酒库存的34家酒厂，合计128家酒厂的所有基酒。

遗憾的是，市面上能够买到或喝到这瓶酒的机会少之又少，据说一些专门供应威士忌的酒吧会藏有一两瓶，如果碰到的话一定要试一试。

> 这款有独特的黑色瓶体。

J&B

珍宝特选（40%vol）

J&B Rare
绿色的瓶体，黄色的酒标，红色的瓶盖。这是珍宝的标志。

使用于珍宝的主要基酒

洛坎多（Knockando）（见本书第 38 页）
苏格登（Singleton）
酒体丰满、余味悠长。
格兰斯佩（Glen Spey）
拥有丰富的植物香，酒体轻盈。一甲（NIKKA）威士忌的创立者遵循格兰斯佩酒厂的酿造工艺研发。
史特斯密尔（Streathmill）
富有成熟的果香。

珍宝威士忌基酒之一的苏格登威士忌的酒瓶盖标志。

81

苏格兰

尊尼获加（Johnnie Walker）
引领世界潮流的威士忌品牌

适度的烟熏香在口中飘散，入口温和、不上头，轻盈的酒体让人感觉还可以再多喝几杯。享誉全世界的威士忌尊尼获加有"红方（Red Label）""黑方（Black Label）"，在世界销量的排行榜上，也长久居于第一的宝座，在当今的威士忌业内可谓翘楚。

这两个经典系列在面世之前，倾尽了三代人的心血。创始人将第一款威士忌命名为"尊尼获加经典高地威士忌（Walker's Old Highland Whisky）"，第二代接班人将酒瓶设计成极为稀有的四方形酒瓶和倾斜酒标，得到了极大的关注。第三代接班人改名并同时创立了"红、黑方尊尼获加"，同时由画家汤姆·布朗设计了尊尼获加商标，也就是如今广为人知的行走的英国绅士形象。

头戴礼帽，手拿文明棍，大家都以为商标中的英国绅士是创始人强尼·沃克本人，但据说，这一商标中的形象是虚构的人物作品。

JOHNNIE WALKER

尊尼获加红方（40%vol）

尊尼获加黑方 12 年（40%vol）
使用十二年陈酿的原酒调和而成的经典之作。

尊尼获加金方 18 年（43%vol）

尊尼获加蓝方（43%vol）
多年陈酿的最高等级精品。

尊荣极品（43%vol）
Johnnie Walker Swing
瓶身带有尊贵的厚重感。

尊尼获加 1820 特调（40%vol）
Johnnie Walker 1820 Blended

品牌标志
迈步向前的英国绅士
（Striding Man）

尊尼获加红方

尊尼获加的主要基酒
家豪（Cardhu）
适合女士的威士忌。酒体轻盈，香气华丽，味道偏甜。

泰斯卡（Talisker）（见本书第 60 页）

拉加维林（Lagavulin）（见本书第 50 页）

紧跟时代的步伐，与时俱进！

新颖的创意席卷全世界

尊尼获加最特别之处就是其四方形的酒瓶。现在市面上酒瓶的形状各式各样，但在旧时代，尊尼获加的酒瓶形状可谓是大胆的创新。倾斜的酒标也引领了威士忌界的潮流。尊尼获加在货架上一举成为最显眼也最炙手可热的威士忌。

除了美观的外形、朗朗上口的品牌名，更让大家喜爱的是品牌标志"迈步向前的英国绅士"。利用这个卡通人物，尊尼获加创造了引发巨大反响的广告案例，让全世界都知道了这个独特有趣的英国绅士。

这位英国绅士，据说还会根据时尚和时代发展，改变服装和外形。

苏格兰

老伯威（Old Parr）
经典品质从未改变

杯子里倒上老伯威，把杯子略微倾斜，你会闻到酒体中的泥煤香味。喝一口润润喉，感受层层复杂的口味，不知不觉沉浸在了怀旧的气氛中。可能是老伯威威士忌外观复古的原因，会把人的思绪拉回到从前。在20世纪80年代的日本，老伯威威士忌曾经一度是洋酒的代名词。历史上记载，最早进入日本的威士忌的确是老伯威。1871年（明治四年）特命为全权大使的岩仓具视曾在去欧美考察时带回了几箱老伯威。也许这也是一种缘分，目前老伯威威士忌的总销量在日本和东南亚市场占约65%。

老伯威指的是一名长寿的农夫，传说他活了152岁，名为帕尔·托马斯（Thomas Parr）。詹姆斯（James）与塞缪尔（Samuel）兄弟的公司在命名时期盼这瓶老伯威可以和长寿的托马斯一样经历十代皇帝的更替也不改变威士忌的品质。

具有长生不老和增强男士精力的功效？

老伯威是第一个进入日本的威士忌品牌，因此在日本喜爱老伯威的大多是上流阶级人士，尤其是政治家。历代的日本首相，例如田中角荣等，都是老伯威的忠实爱好者。

品牌的原型老伯威·托马斯，不仅以长寿闻名，甚至在80岁高龄时还生儿育女，在第一任妻子去世后，托马斯在122岁时再婚且与第二任妻子也有了孩子。虽然听起来是很难相信的故事，但是关于老伯威，一直都有延年益寿和增加男士精力的说法。日本大政治家们喜爱老伯威，是否也期望能够长生不老呢？

我也想长寿！我要来一杯。

OLD PARR

老伯威 12 年（43%vol）
在酒标背后有巴洛克风格代表画家彼得·保罗·鲁本斯创作的长寿农夫托马斯的肖像画。

老伯威尊享（43%vol）
Old Parr Superior

老伯威的主要基酒
克莱根摩（Cragganmore）（见本书第 26 页）
格兰杜伦（Glendullan）
　拥有丰富的果香，易入口、余味轻盈。

老伯威 12 年

怎么回事？

怎么都乱七八糟的？

你在装什么呀？昨晚是你喝醉后把房间弄得这么乱。

快帮我打扫一下！

苏格兰

皇室家族（Royal Household）
全世界只有三个地方可以喝到

所谓"皇室家族（Royal Household）"，指的就是"英国皇室"。这款威士忌的确酒如其名，拥有极高的格调，且带有丰富、成熟的花果香味。

命名为"皇室家族"的原因是，在 1897 年英国国王爱德华七世指派詹姆斯·布坎南公司调配皇室御用的调和威士忌。从此以后这款威士忌便获得了历代皇室国王（女王）的"皇室御用特许资格"。本身这款威士忌并没有指定酒名，据说是在 20 世纪初期，约克公爵（后来的乔治五世）坐船环游世界时随身携带的唯一一款威士忌，因此约克公爵命名它为"皇室家族"。

如此特别的经历，让它的存在也变得尤为珍贵。目前世界能够喝到这款酒的只有三个地方：第一个是白金汉宫（英国皇宫），第二个是苏格兰南部海岸边上的刘易斯岛（Isle of Lewis）上罗德尔（Rodel）酒店的酒吧，最后一个竟然是日本本土。

据说布坎南公司与日本皇室有密切的交流，因此这款威士忌获得了在日本出售的特别许可。

在日本，只要是相对好一点的酒吧里面，都可以品尝到皇室家族。

ROYAL HOUSEHOLD

皇室家族（43%vol）

皇室家族的主要基酒
达尔维尼（Dalwhinnie）（见本书第 45 页）
格兰萄彻斯（Glentauchers）
　　入口轻盈、甘甜，富有花蜜香。

勋章
伊丽莎白女王的勋章
象征英国王室身份的盾形徽章，盾的左侧是老虎（英格兰皇家的象征），右侧是独角兽（苏格兰皇家的象征），它们作为守护者，身戴着头冠、披衣、枷锁等。根据在位的国王/女王，勋章会有所改变。

皇室家族

＊图中为获得皇室御用特许的酒瓶。此时酒名的标示还要加上定冠词"The"。

看了勋章就知道是谁的特许了。

"Royal Warrant" 意为皇家认证

　　皇家御用保证证书称为"Royal Warrant"，也就是英国皇室御用的产品。产品需要通过严格的审查，审查通过后会在商品的外包装上印上皇室勋章。供应商获得认证并不是要他们免费提供商品及服务，而是用于营销上增强客户对商品的信赖。
　　受皇家御用特许的威士忌一般会在酒标上印有皇家勋章，勋章认证一次只有五年期限，可以无限延续，一旦品质有问题，认证随时会被收回。
　　另外，有些酒标会有"Royal"字符，但如果没有皇室认证勋章，则与皇室没有任何关系，购买的时候请仔细阅读。

 苏格兰

白马（White Horse）
独具调酒师个人色彩的调和威士忌

白马威士忌的核心调配基酒均来自艾雷岛产区，这在业内是很少见的，入口有重烟熏、泥煤味，且滑顺轻柔。

独特口味的秘诀在于调配师把自己当作"月老"来精心挑选基酒进行结合，据说这样可以挑选出最合适的艾雷岛麦芽威士忌和斯贝塞威士忌，两种基酒的结合变成了最美妙的和弦。

白马威士忌这个名字源于苏格兰爱丁堡一间著名的旅馆——白马酒窖旅馆（The White Horse Cellar）。18世纪早期，经常有苏格兰的独立军光顾该旅馆，因此该地成了自由与希望的象征。创始人彼得·派基（Peter Mackie）非常喜欢白马酒窖旅馆的故事和含义，于是在创立酒厂时便将威士忌命名为白马。

最初威士忌的瓶塞和红酒一样，使用橡木塞。白马酒厂发明了以橡木塞的方式密封瓶口，然后再打上一层铝箔瓶口包装。这样不仅方便开瓶，还可以保存喝剩下的威士忌。据说使用了这种瓶塞后，白马威士忌的销量翻倍增长。

请在开瓶 6 个月内喝完

威士忌在装瓶后，酒体基本不会有劣化的问题。但极个别的威士忌会因为装瓶时程序不当而导致酒精和香味过度挥发，购买时需注意酒液容量是否减少。

购买威士忌后，应放在阴凉处，避免太阳直射。储藏位置不要有大幅度的温度变化。开瓶后在 2~3 个月内饮用最佳，最晚也要在半年内喝完。

比红酒和日本酒更方便储存。

WHITE HORSE

白马特选经典

白马特选经典（40%vol）
White Horse Fine Old
这款酒在日本市场有非常稳定的消费层，口感不仅顺滑，还非常强劲。

白马 12 年（40%vol）
专门为日本市场量身定做的高级麦芽威士忌。酒液经过陈酿后，口感更加柔顺、醇厚。

白马的主要基酒
拉加维林（Lagavulin）（见本书第 50 页）

克莱拉齐（Craigellachie）
　个性强烈，口味清爽。

格兰爱琴（Glen Elgin）
　口感平和，入口温和柔顺。

死记硬背不如看图记忆

看酒标记酒名

当你喝到好喝的威士忌，本打算下次再喝，却记不住威士忌的名字，更何况酒标上都是英文字母呢。这个时候，最好记住酒标的特征，也就是印在酒标上面的商标，记住图案即可。

尊尼获加（Johnnie Walker）
戴着大礼帽的英国绅士。图中的这位英国绅士和现在尊尼获加上的酒标会有略微的不同。

黑白狗（Black&White）
黑狗和白狗图案。

白马（White Horse）
画如其名的白马标志。

顺风（Cutty Sark）
和威士忌英文同名（Cutty Sark）帆船的图案。

 苏格兰

双狮（Whyte & Mackay）
二次酿造工艺使得口感顺滑，酒体强劲

倒上双狮威士忌，靠近酒杯，可以闻到自然大麦的香味。酒液含在口中，黏稠的酒液覆盖整个口腔，甜香冲鼻。

双狮这样柔顺且不腻的口感，是因经历过"二次陈酿（Double Marriage）"，也就是这个品牌的特有酿造工艺（见下页）。酿造工艺中的两道工序使麦芽和谷物酒液在最好的状态下融合，孕育出了至高无上的"爱"。

双狮威士忌由詹姆斯·怀特（James Whyte）和他的好朋友查尔斯·麦凯（Charles Mackay）共同创立，他们发明的"二次陈酿法"经过百年传承，独特的酿造工艺被继承至今。

Whyte & Mackay公司（现JBB公司）除了双狮以外还有许多旗下威士忌，其中"金牌特调（Golden Blend）"是专门为日本市场研发调制的品种。

据双狮威士忌调配大师说，这款精心调配的威士忌最好的饮用方法就是加少量的水，把酒精稀释到30度左右，口味最佳。

分开两次进行陈酿

二次陈酿法中的 Marriage 指的是将基酒调配后进行陈酿，有趣的是，这个词原本的意思是"结婚"。二次陈酿工艺就是将陈酿过程进行两次，把基酒调配后陈酿，之后再次进行调配、陈酿。

第一步，将数十种麦芽基酒进行调配后陈酿一年（First Marriage）。第二步，将陈酿一年的麦芽基酒与谷物基酒进行调配，再进行陈酿（Second Marriage）。因此也有人将双狮戏称为"二婚酒"。

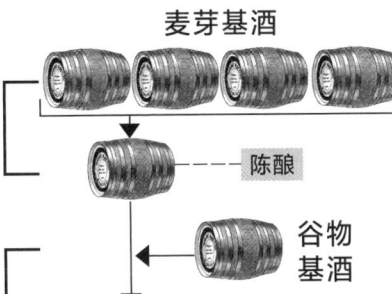

WHYTE & MACKAY

双狮蓝方（40%vol、43%vol）
　口感圆润、入口顺滑。

双狮金牌特调（40%vol）
　Whyte & Mackay Golden Blend

双狮 12 年（40%vol）

双狮 15 年（40%vol）

双狮 18 年（40%vol）

双狮 21 年（40%vol）

双狮 30 年（40%vol）
　同系列中的最高级品。

双狮的主要基酒
大摩（Dalmore）（见本书第 40 页）
菲特凯恩（Fettercairn）
　口感柔顺，富有坚果的香味。
托明多尔（Tomintoul）
　易饮又轻盈。

双狮　蓝方

品牌定制

登喜路（Dunhill）
绅士主义的完美体现

世界知名品牌委托酒厂定制威士忌，叫作"品牌定制（Private Brand）"。高级男装品牌登喜路全权定制的威士忌"Dunhill Old Master"，这款以12~20年长期陈酿的麦芽为调配基酒，入口柔顺的酒液中带有泥煤和烟熏香。不愧是登喜路，一贯的"熟男"形象与威士忌风味、口感都十分吻合。品尝这款酒时适合点一根香烟，抿一口酒，陶醉在绅士气息的氛围中。

王子（Prince）酒店与威廉·麦克法兰（William Mcfarlane）公司共同推出了一款"王子苏格兰威士忌（Prince Scotch）"，主要面向日本市场，口味甘甜。这款威士忌还有18年陈酿，如果有机会光临这家酒店的酒吧，可以对比品尝。

除此之外，市面上还有国际品牌巴宝莉（Burberry）等众多与酒厂的合作款。如果碰到的话不妨一试。

做一杯专属威士忌

你也能调配独一无二的威士忌

在家里虽然不能调配十几种基酒，但如果家里能够准备一瓶单一麦芽和一瓶调和威士忌，就可以调制出属于你自己的调和威士忌。

在调和威士忌中倒入单一麦芽威士忌，我将它命名为"超级调和威士忌（Super Highball）"。倒入时可以闻到麦芽的香味。请选择一款你最喜欢的单一麦芽威士忌作为调制口味的点缀。

超级调和威士忌（Super Highball）

1 倒入威士忌
选择你喜欢的一款调和威士忌。

2 做一杯 Highball
在 1 的基础上加入苏打水。

3 加入单一麦芽威士忌作为点缀
沿着勺子轻轻倒入单一麦芽威士忌。（如果是调和威士忌中的基酒的话更佳。）

想要更专业

在酒厂	在酒厂可以品尝各式各样的基酒，可以边品酒，边找一找自己想要的调和威士忌的口味。日本有很多酒厂有品尝基酒的活动。
在家中	市面上会出售几种不同基酒的体验套餐，可以在家里慢慢尝试和品尝。日本东急 HANDS 有售。

爱尔兰威士忌的分类

芳香四溢的爱尔兰威士忌
香气馥郁，坚守传统酿造方式

如果被问到威士忌的发源地在哪里，大部分的人都会说是苏格兰。然而正确答案却是爱尔兰。爱尔兰人后来移民苏格兰，把威士忌蒸馏技术也带了过去。令人遗憾的是，身为威士忌发源地的爱尔兰，因独立战争等的历史原因，目前仅存三家酿酒厂。

爱尔兰威士忌的特点是需要完成三次蒸馏过程，蒸馏次数越多，所取得的酒液便越细腻、柔顺、温和。因反复蒸馏后高度提取，平均酒精度数高达85度，被称为"纯威士忌"。我们现在广泛认知的爱尔兰威士忌会在纯威士忌的基础上与混合谷类制成的酒精进行调配。

因爱尔兰威士忌不使用泥煤熏干大麦，三次蒸馏使口感更加清爽，与苏格兰威士忌相比大麦的天然风味更明显。和其他国家的威士忌相比，爱尔兰出产的威士忌具有鲜明独特的口感风格，酒体中没有烟熏味，但是带有明显的水果和香料味，口感细腻顺滑，酒体丰满。同饮健力士黑啤和爱尔兰威士忌是再好不过的选择了。

三家酒厂互相竞争，切磋技术。

三家酒厂呈现不同风格的爱尔兰威士忌

曾经有数十所酿酒厂的爱尔兰，目前仅有三家，北部的布什米尔（Bushmills）和南部的米德尔顿（Midleton）、库力（Cooley's）。

虽然只有三家，但却各有特色。有的坚守爱尔兰传统工艺制造威士忌，有的与先进的创新工艺相结合，有的则复刻曾经倒闭的酿酒厂的威士忌风味，各有千秋。

了解爱尔兰威士忌的风格

爱尔兰纯威士忌

- 原　料　大麦麦芽、未发芽大麦、黑麦、小麦等
- 制造方法　单式蒸馏器（主流为三次蒸馏）
- 风　味　谷物的天然风味，口感顺滑

爱尔兰纯威士忌是作为原酒料，主要以调配为主。如原料只有大麦麦芽，则称为单一麦芽威士忌。

谷物威士忌

爱尔兰混合威士忌

- 制造方法　混合纯威士忌与谷物威士忌
- 风　味　相比纯威士忌酒体清，口感清爽

爱尔兰

布什米尔酒厂（Bushmills）
爱尔兰最古老的威士忌酒厂，单一与调和式同产

布什米尔酒厂的威士忌入口有独特的清香，过喉冰爽，适合在炎炎夏日的夜晚喝一杯。布什米尔酒厂位于北爱尔兰的布什米尔小镇，于1608年创立，是世界最古老的酒厂。早期啤酒和蒸馏技术由传教士从此处传播到外面，所以布什米尔小镇也被认为是传教士圣帕特里克之地。

布什米尔意为"林间的水车屋"，如此浪漫的寓意，与布什米尔威士忌的清新风格十分吻合。

在这家布什米尔老铺中除了调和威士忌还有单一麦芽威士忌，"布什米尔单一麦芽10年"。与苏格兰单一麦芽威士忌不同，爱尔兰威士忌在酿造过程中基本不使用泥煤，所以酿造出来的酒基本上没有泥煤味，风格清新，口感清爽。

说到爱尔兰，自然离不开健力士黑啤酒

说到爱尔兰，就会想到著名的健力士（Guinness）黑啤酒。一口喝下去像奶油般醇厚，味道纯正。浓厚的啤酒沫，过喉细滑，真是一种极致的享受。

1759年，一个名叫阿瑟·吉尼斯的人在爱尔兰都柏林市圣詹姆斯门大街建了个啤酒厂，首次酿出黑啤酒。黑啤酒慢慢在爱尔兰普及，由一款名为波特的黑啤酒进行改良后更名为"健力士"。

从此以后健力士黑啤酒被广泛认知，举世闻名。目前在全世界五十多个国家都有酿造，销往一百多个国家。当品尝威士忌时，不妨用黑啤酒代替水，一口威士忌，一口冰镇健力士，真是至高无上的享受。

5~8度是最适合饮用的温度。

不妨用啤酒代替水

说到爱尔兰,第一个想到的就是啤酒!有一种喝威士忌的方法,就是以 Chaser(饮用烈酒后喝的水或饮品)来稀释高浓度酒精带来的灼热口感。抿一口威士忌后用冰镇啤酒来降低烧灼感,虽然好喝但很容易喝醉,记得不要贪杯哦。

布什米尔单一麦芽 10 年

BUSHIMILLS

布什米尔(40%vol)
　　与调配数十种基酒的苏格兰威士忌不同的是,布什米尔酒厂只使用自家陈酿的一种麦芽基酒和一种谷物基酒进行调配。气味芳香,入口温暖。

布什米尔黑布什(40%vol)
　　使用 80% 以上的麦芽基酒的调和威士忌,酒体有雪莉酒芳香。

布什米尔单一麦芽 10 年(43%vol)
　　使用波本桶陈酿。

爱尔兰

米德尔顿酒厂（Midleton）
世界最大的罐式蒸馏器，打造上等名品

米德尔顿酒厂具有代表性的威士忌非"极品米德尔顿（Midleton Very Rare）"莫属。这款酒呈现出麦芽、橡木桶、薄荷、原木等香味，层次丰富且复杂。如果有机会品尝这款极品米德尔顿，尽量不要加水，直接饮用。

这款爱尔兰威士忌在每年陈酿桶中严格筛选最优质的50桶进行装瓶，酒标中只标识装瓶年数，装瓶年数与蒸馏年数不同，购买时要注意标识年份，不要混淆。

米德尔顿酒厂是爱尔兰酒厂联盟IDG中的核心酒厂，拥有世界最大的罐式蒸馏器，从这款蒸馏器产出的威士忌品牌享誉世界。

1780年创立的威士忌老铺"尊美醇（Jameson）"加入IDG联盟，目前这款威士忌在米德尔顿酒厂酿造，系列中最有名的一款"尊美醇12年"，是爱尔兰威士忌中常年畅销的一款。还有"图拉多（Tullamore Dew）""知更鸟（Redbreast）""利默里克（Limerick）"均出自米德尔顿酒厂。

「MIDLETON VERY RARE」

极品米德尔顿1999（40%vol）

自1984年开始销售，图为1999年版酒瓶。这款极品米德尔顿的酒标上会标识装瓶年，市面上一瓶难求，是极品限量款。口感圆润、醇厚、细腻，不愧被誉为"极品"。根据不同装瓶年份口感会有所不同，可以根据不同年份进行品尝和对此。

TULLAMORE DEW

图拉多（40%vol）
图拉多 12 年（40%vol）

"以塔拉莫尔的露水为名"

图拉多 12 年的口味更加细腻柔和。

这款图拉多威士忌将城市名塔拉莫尔（Tullamore）与创始人的姓 Dew（露水之意）结合起来，命名为：图拉多（Tullamore Dew）。1892 年创立后风靡一时，因第二次世界大战而关闭酒厂。目前在米德尔顿酒厂生产。

图拉多

JAMESON

尊美醇（40%vol）
尊美醇 12 年（40%vol）

口味甘甜又温暖

尊美醇威士忌拥有在雪莉桶中陈酿后的特点，口味偏甜，酒体浓稠。这款威士忌创立于 1780 年，后来纳入 IDG 联盟，目前在米德尔顿酒厂生产。
1974 年，尊美醇在基酒调配中加入谷物威士忌后名声大噪，是爱尔兰威士忌的优质品牌。

爱尔兰

库力酒厂（Cooley）
工艺独特，象征爱尔兰威士忌的复兴

库力制酒公司产有康尼马拉（Connemara）、格里沃（Greenore）、基尔伯根（Kilbeggan）、马基里根（Magilligan）、蒂尔康奈（Tyrconnell）、洛克（Locke's）、爱尔兰绿点（Green Spot）等大量的知名威士忌。其中最独特的一款就是康尼马拉。第一次品尝这款酒，你可能会想：咦，怎么和苏格兰威士忌有点像？现在的爱尔兰威士忌基本上没有泥煤香味，但据说最早酿造的时候是有泥煤香味的。这款康尼马拉作为现代威士忌，尝试还原最原始的香味，因此与其他爱尔兰威士忌不同，带有一点点的泥煤香。

库力酒厂创立于1987年，与其他传统酒厂相比还十分年轻。最初爱尔兰只有布什米尔和米德尔顿两家酒厂，政府鼓励更多独立酒厂的发展，因此创始人约翰·思林（John Thring）投入了400万英镑创立库力酒厂。

如今爱尔兰威士忌还没有被全世界广泛认知，期待库力酒厂的出现和发展会给爱尔兰威士忌带来新的风向。

爱尔兰威士忌入口圆润且柔顺，非常易入口，可惜在全世界还没有被广泛认知。

今晚的推荐！

康尼马拉

CONNEMARA

康尼马拉（40%vol）
酿造泥煤燃烧的麦芽基酒和不使用泥煤燃烧的麦芽基酒，两种基酒进行调和，调配出恰到好处的泥煤香味。

康尼马拉桶装特浓（59.6%vol）
Connemara Cask Strength
原酒精度装瓶，虽然酒精度数高，但口感风味更加浓厚。

康尼马拉不只是地名，还是泥煤香的原料泥炭的产地。

库力酒厂的其他威士忌品牌

蒂尔康奈（Tyrconnell）
（40%vol）

五星级的棉柔口感
库力酒厂创于1992年的威士忌。由古代斯图亚特王朝中的蒂尔康奈伯爵得名。酒体呈淡淡的大麦色，口感柔软。

洛克（Locke's）单一麦芽陶罐（40%vol）

推荐给女士的酒，带有淡雅的香味
最早在其他的酒厂酿造后面临倒闭，进入20世纪后这款酒在市面上不再售卖。后来，库力酒厂买下并"复活"了这款威士忌。这款酒拥有轻柔且优雅的风味。

迈拉斯（Millars）特选珍藏（40%vol）

拥有让人愉快的甜香
早在20世纪中旬因酒厂倒闭而濒临消失，后来在1994年，库力酒厂使得这款著名的威士忌重获了新生。入口后麦芽的甜香会蔓延开来，让人无法忘怀。

品尝苏格兰威士忌与传统美食

　　《萤之光》的作者是苏格兰著名的诗人罗伯特·彭斯。每年在他的诞辰1月25日前后会庆祝苏格兰的传统节日"彭斯之夜"（或叫"彭斯晚宴"）。

　　在这一天一定要品尝一道传统美食，就是羊肉杂碎布丁"哈吉斯（Haggis）"。哈吉斯，就是把羊肉的内脏搅碎后加入洋葱和大麦，塞进羊肚后蒸煮，是苏格兰的国民菜肴。在彭斯之夜，招待宾客的主人不仅会给宾客们准备大量的哈吉斯，还会准备苏格兰威士忌。苏格兰威士忌不只是拿来饮用，还要大量地浇在哈吉斯上一起品尝。

　　苏格兰人在这一夜，吃着哈吉斯，喝着苏格兰威士忌，朗读彭斯的《致哈吉斯》，共度良宵。

　　如今，在日本的超市里也可以买到罐装哈吉斯，有机会不妨浇上苏格兰威士忌，体验一次地道的苏格兰传统美食。

*Slàinte mhòr：盖尔语中"祈求健康"的意思，也是敬酒时常用的祝词。

第 3 章
美国威士忌与加拿大威士忌
— 强劲的口感与温柔的香气各具特色 —

美国威士忌的分类

男人专属的美国威士忌
拓荒精神开启威士忌全新大门

提到美国的威士忌，当然就是波本（Bourbon）了。

波本威士忌，最早是出自移民到美国的爱尔兰和苏格兰人之手。在美国，玉米和黑麦比大麦更容易种植，使用这些谷物酿出的酒就是后来的波本威士忌。

"Bourbon"一词，来源于法国的波旁王朝（Bourbon Dynasty）。美国为了感谢法国在独立战争中的贡献而命名了波本郡，设立于美国肯塔基州。随着威士忌酿造产业越来越兴旺，不知道什么时候开始，"波本"便成了威士忌的名字。现在全世界80%的波本威士忌产自肯塔基州。

那么在美国酿造的威士忌是否都叫波本？答案是否定的。"波本"是指原材料里玉米的比例不少于51%的酒体，只能使用全新但经过烘烤处理的美国白橡木桶进行熟成，装瓶的酒精度需在80到160 proof（40%vol到80%vol）之间。如制造方法不同，则称为玉米威士忌（Corn Whisky）。原材料中黑麦的含量如果在一半以上，就是黑麦威士忌（Rye whiskey）。有些品牌还有将这些基酒进行调配的调和威士忌。

具有开拓精神的新大陆威士忌的风味，需要花时间细细品尝一番。

「SEAGRAM'S SEVEN CROWN」

施格兰七冠（40%vol）

美国本土最有名也最具人气的一款调和威士忌。于禁酒法废除一年半后的1934年重归市场。当时的市场中绝大多数是劣质威士忌，这款施格兰七冠在发售两个月后脱颖而出，获全美销量第一。酒体口感柔和，适合直饮也可以用软饮兑饮。

人们常亲切地称这款酒为"七号（Seven）"，是因为在商品开发初期，这款施格兰七冠是盲品中的第七号威士忌，从此以后"七号"便成了这款威士忌的爱称。

*盲品：指品酒师在品鉴时遮住酒标，给出自己的判断和评价的品鉴过程。

了解美国威士忌的种类

波本威士忌

原　料　51% 以上是玉米。

制造方法　蒸馏时保证 80% 是酒精酒体，在烘烤过内侧的橡木桶中陈酿两年以上。

口　感　香味浓郁、个性丰富且有独特的口感。

田纳西威士忌

制造方法　在蒸馏之后，馏出物要经过枫树烧成的木炭过滤后在木桶进行陈酿。(见本书第 127 页)

口　感　与波本相比田纳西的口感更加纯净。

玉米威士忌

原　料　80% 以上是玉米。

制造方法　蒸馏时保证 80% 是酒精酒体，在没有烘烤内侧的新橡木桶中陈酿两年以上。

口　感　相比波本，口感柔软，有朴素的甜味。

黑麦威士忌

原　料　51% 以上的黑麦。

制造方法　蒸馏时保证 80% 是酒精酒体，在烘烤内侧的橡木桶中陈酿两年以上。

口　感　相比波本威士忌，口感醇厚。

调和威士忌

制造方法　使用 20% 以上的波本或黑麦威士忌的基酒，与陈酿年数比较少的威士忌或无色透明酒体（Spirits）进行调配。

口　感　入口轻盈。有调和波本威士忌、调和玉米威士忌等。

波本

布兰顿（Blanton）
特色瓶盖让人过目难忘

布兰顿威士忌初尝十分刺激，细腻、黏稠的酒体在喉间流过后，像太妃糖般的余味在口中蔓延，不愧是男人酒的味道。

布兰顿的瓶盖上设计了血统纯正的肯塔基德比马的雕塑。"布兰顿"之名，源于就职于古代酒厂（Ancient Age）55年的调配大师，被誉为"肯塔基长老"的艾伯特·布兰顿。

不辱"长老"之名，布兰顿对于威士忌的极致追求在业界内受到了极大的肯定。酒厂在调配之前会把所有的基酒陈酿四年以上，调配师会逐一品尝，并且选出最好的基酒。陈酿于最好的木桶中，送往最佳储藏环境，陈酿3~6年的基酒，才可以成为布兰顿威士忌的基酒。

将布兰顿威士忌的基酒逐个从木桶中筛选出最好的几桶，装瓶后才能够称为"布兰顿金牌威士忌（Blanton Gold）"。

"布兰顿金牌威士忌"酒标上有手写的开桶日期、桶编号。从有手写字的腰带式酒标中能够看出波本的自信和骄傲。

BLANTON

今晚的推荐！

布兰顿黑方（40%vol）
　1994年面向日本市场销售。布兰顿系列中酒精度数相对低的一款威士忌，适合日常饮用。

布兰顿（46.5%vol）

布兰顿金牌威士忌（51.5%vol）
　在最好的木桶中甄选出的上等威士忌。口感如原酒精度装瓶一般醇厚，酒精度数也相对高。

布兰顿

Q:
苏格兰威士忌拥有历史和发展脉络（见本书第33页），那么波本威士忌呢？被称为"男人酒"和历史有关吗？

A：与美国一同诞生的威士忌

波本中浓缩的是西部男人的浪漫。关于这方面的历史，就由我来讲述吧。

威士忌去往新大陆	1492年哥伦布发现新大陆以后，欧洲各个国家的人开始移民到美国。据说当时苏格兰和爱尔兰人把威士忌和蒸馏器带到了美国。
与玉米的相遇	美国独立战争后，政府为了经济复苏而强行在威士忌上增税。为了避税，农民们纷纷西迁，在肯塔基州发现了最适合酿造威士忌的玉米和水源，就此扎根。
木桶烧焦是偶然？	波本威士忌特有的香味是来自烧焦的木桶。据说最早是因火灾后而偶然发现经过烘烤可以带来独特的香味。无论起源如何，自18~19世纪已经有和现在一样的波本制造方法。

真让人忍不住想要喝一杯！

充满自信的宣传语让人愉悦

布兰顿的母公司是古代公司（Ancient Age）。虽然直译是"古代"，但这一名称实际上意为"开拓时代"，据说寓意为"开拓时代的男人酒"。

古代公司出品的一款同名波本威士忌"Ancient Age"，在美国本土一直是销量榜上头几名的人气酒。这款威士忌拥有独特的酸味和醇厚度。一句耳熟能详的广告语"如果能找到比这款更好的波本，就请去购买吧"，自信满满，让人愉悦。

波本

布克斯（Booker's）
文雅的标签手写文字体现品牌自信

含一口浓厚的深琥珀色酒液，清新的香味在口中蔓延。虽然是63%vol的高酒精度威士忌，但没有特别强烈的刺激感，反而润滑又具有平衡感，余味绵延留长。

从精心书写的手写酒标上就能看出，布克斯是从甄选的木桶中，直接原酒精度装瓶的最高级别威士忌，是堪称波本业界第一名的占边公司（Jim Beam）特别制作的一款收藏级威士忌。

这款布克斯的酿造者是占边公司（Jim Beam）创始人的孙子布克·诺伊（Booker Noe）。这位波本界的传奇人物，从陈酿6~8年的秘藏桶中甄选出最好的几桶装瓶，并且向全世界限量出售，这就是布克斯。

布克斯酒精度数比较高，不能一次品太多。作为非常具有价值的一款威士忌，布克斯适合餐后花时间慢慢品尝。

今晚的推荐！

BOOKER'S

布克斯（63%vol）

创立 200 周年纪念款。小批量生产的珍藏级别波本威士忌之一。入口柔顺且带有温柔的香味。酒精度数虽高但不刺激。

小批量（Small Batch）波本

通常的波本威士忌是由数十种木桶中取出的基酒调配而成。而小批量波本的基酒来自十个以下的木桶。在不同年数最好的几桶中根据每个基酒的特点调配出最好的酒液，堪称是波本中的"精锐部队"。

其他小批量波本

巴斯海登（Basil Hayden's）（40%vol）

陈酿 8 年　口感轻盈

原料中黑麦的比重比较高，酒香醇厚。这款酒瓶设计新颖，酒标如上衣一般垂下，以腰带系上酒瓶。放在家中作为装饰品也不错。

贝克（Baker's）（53.5%vol）

陈酿 7 年　口感绵柔

从陈酿 7 年的木桶中筛选出几桶口感上等的基酒进行调配而成。酒精度虽然高，但入口绵柔。

诺不溪（Knob Creek）（50%vol）

陈酿 9 年　入口温和

诺不溪的橡木桶的烘烤比较特殊：一次低温，一次高温，经过两层烘烤的木桶中进行陈酿。容易入口，口感温和。

波本

时代（Early Times）
口味轻甜，备受女性青睐

"咦？这也是波本？"品尝过时代威士忌，这句话不禁脱口而出。没错，入口清爽、甜度适中、女性也非常喜爱的、不走寻常路的波本，就是时代威士忌。容易入口是它最大的特点，拥有常年在美国销量稳居前三的超高人气。

时代威士忌的故乡是肯塔基州波本郡时代村。得名于美国拓荒时期作为殖民地的村名，时代创立于南北战争前的1860年。最早的创始人是移民到美国的苏格兰家族，从无名威士忌发展到知名品牌。在全美禁酒法颁布后，时代公司便关闭了酒厂。在这时，以老伏特威士忌扬名的布朗·福曼公司看中了时代公司的潜力，并进行收购。收购后继续在同一个酒厂生产时代威士忌，现在时代威士忌已经成了布朗·福曼公司旗下的威士忌中最著名的品牌之一。

现在的时代威士忌坚持采用酒厂独自培育的酵母，并同时使用最先进的技术设备。古老又新潮的威士忌，就是时代威士忌。

EARLY TIMES

时代黄方（40%vol）
酒体略呈红琥珀色，具有波本独有的甘甜和浓厚感。入口柔顺，口味朴素。

时代棕方（40%vol）
面向日本消费者开发的时代棕方。棕方的原料中玉米的比例比黄方低，因此口感更加浓厚。

时代黄方

今晚的推荐！

肯塔基州德比赛马大会官方饮料薄荷朱利酒（Mint Julep）滋润着那些在白热化的赛事中兴奋呐喊的观众

好想去呀！

品尝波本的基本款鸡尾酒

赛马大会的官方饮料

德比赛马大会的官方饮料"薄荷朱利酒"，是以波本、糖、薄荷调配的鸡尾酒。据说人们从南北战争时期就开始饮用这款鸡尾酒，不愧是美国的传统鸡尾酒。薄荷朱利酒口感清爽，带有微微的甜度（制作方法见本书第183页）。

从19世纪初开始，观战赛马大会时人人饮用薄荷朱利酒，而调配该酒使用的波本必须为"时代"，这项要求也被列入官方饮料的条例中。

每年开赛期间平均会使用60吨的冰块，饮用8万杯的薄荷朱利酒。

肯塔基州德比赛马

赛马节在每年5月的第一个星期六，于肯塔基州举行。美国肯塔基德比赛马只限3岁纯血马匹参赛，全民关注优良马匹争夺王位，是美国的一大赛事。每年到5月份，全世界的赛马迷们纷纷来到肯塔基观看比赛。

111

波本

爱威廉斯（Evan Williams）
还有陈酿超过 20 年的波本？

爱威廉斯有着波本特有的谷物香，又是后劲十足的男人酒。近年轻盈款波本成为主流，而这款波本属于传统的厚重型波本，但依旧有许多"铁粉"在追随它。

爱威廉斯这个名字，据说是在美国开拓时期最早酿造波本威士忌的男性姓名。酒瓶上记载的"1783 年"，据说因为这位爱威廉斯在这一年开始使用蒸馏技术酿造波本威士忌。现在出售这款威士忌的爱汶山（Heaven Hill）公司与爱威廉斯先生并没有关系，只是使用了他的名字作为酒名。

爱汶山公司，是美国最大的独立家族式蒸馏烈酒公司，同时拥有最大规模的蒸馏设备，爱威廉斯系列中从基本陈酿年数到 20 年以上的酒都可以找到。

爱威廉斯在日本市场是耳熟能详的波本品牌，但在美国本土，爱汶山威士忌也拥有相当高的人气。

在 1986 年，爱汶山公司借由另一位波本威士忌鼻祖伊利亚·克瑞格（Elijah Craig）而命名的"伊利亚克瑞格 12 年"面世。如果能同时品尝两瓶以波本鼻祖冠名的威士忌，何尝不是一种乐趣呢？

波本威士忌有独特的陈酿方法

与四季气候凉爽的苏格兰相比，肯塔基州的夏天会超过 30 度，且冬天会降雪。这种四季中巨大的温差会让陈酿中的木桶和酒体加快呼吸，酿出美味的波本。在这样的环境下，陈酿库中的储存方式往往会选择通风的开放式架。

因温差的原因，在同一个陈酿库中不同位置的木桶陈酿的程度会有所不同。开放架上层的木桶会陈酿得更快，而下层的木桶陈酿则相对缓慢。

人们常说不能断定哪一年陈酿的威士忌最好，原因就在这里。

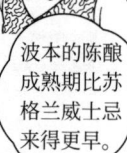

波本的陈酿成熟期比苏格兰威士忌来得更早。

EVAN WILLIAMS

爱威廉斯 7 年（43%vol）
黑色酒标，白色字体。口感细致，让人心情舒畅。

爱威廉斯 12 年（50.5%vol）
接近粉色的红色酒标。酒精度数高，能够感受到波本威士忌特有的强劲。

爱威廉斯雪莉桶（43.3%vol）
1990 年进行蒸馏的基酒木桶中选出品质最佳的木桶，直接原酒装瓶的一款。偏红色的琥珀色酒体，让人联想到温暖与柔情。

爱威廉斯 23 年（53.3%vol）
波本威士忌中属长期陈酿的一款，风味中有浓厚的木桶香。如果喜欢重香味型，可以选择这款波本。

爱威廉斯 7 年

牛肉干

是将切成薄片的牛肉进行调味后自然风干的食物，越嚼越美味的肉制品。牛肉干最早是人们在打猎后为了能够长期保存肉类而发明的储存食品。

波本要配牛肉干　一边吃牛肉干，一边抿着波本，才算是懂得品酒的行家。"男人酒"的下酒菜不仅要有风度，还要带一点狂野。

波本

四玫瑰（Four Roses）
"无刺玫瑰"般的丝滑享受

四玫瑰酒标中画有四朵深红色玫瑰。这款威士忌的口感和它的酒标给人的印象一样，玫瑰如在口中绽开，口感细腻又轻柔，常被形容为"无刺的玫瑰"。

品牌名的由来有诸多说法，其中一个是：在1896年，该品牌创始人波尔·优斯深为一位南方的绝世美女所吸引，这位美女面对优斯的求婚时，回答他："当我答应你的请求时，我会佩戴玫瑰胸花出现在你的面前"。后来在约定的舞会上，美人佩戴了四朵红色玫瑰的胸针，欣然接受了优斯的求婚。

四玫瑰威士忌品牌的由来虽然无从考证，但四玫瑰在举办的舞会派对上要求所有宾客佩戴玫瑰胸花，足以证明它的意义重大。

四玫瑰公司在禁酒法时期获得了"制造医用酒资格"而幸免了停产的灾难。后来被加拿大的施格兰（Segram's）公司收购，目前四玫瑰酒厂位于肯塔基州劳伦斯堡，"无刺的玫瑰"被全世界饮客所喜爱。

波本使故事情节增加趣味

以美国南北战争为背景的电影《乱世佳人》中，女主角斯佳丽·奥哈拉被重重困难所打击时，借酒消愁饮下的是波本。描绘了短短四日间永恒之爱的电影《廊桥遗梦》中，阅读母亲日记的兄妹二人喝的也是波本。

还有在电影《捉贼记》中的经典台词"酒，我只喝波本"。电影《夏日时光》中，女主角简第一次出国旅行来到了威尼斯。在小旅馆时房主递给她红酒，她连忙拒绝，拿出了自带的波本。从这些影视作品中能够看出美国人骨子里酷爱波本，波本也是美国人的骄傲。

西部片中的经典场景中总有一瓶波本。

FOUR ROSES

四玫瑰（40%vol）
黄色酒标，同系列中的基本款。

四玫瑰 黑方（40%vol）
带有深红玫瑰浮雕的黑色酒标。富有甜果实的香气，口感扎实、醇厚。

四玫瑰 白金（40%vol）
为纪念肯塔基州200周年而发售的日本限量款。入口非常细腻，过喉绵柔。酒标上的玫瑰是白金色。

四玫瑰的故事也是高人气的原因之一

有一种说法，是曾经有四位绝世美女佩戴玫瑰胸花参加舞会，因此才有了四朵玫瑰一说。诸多关于玫瑰的浪漫故事也是获得高人气的重要因素。

波本

哈帕（I. W. Harper）
清甜口感的秘诀在于玉米含量超过 80%

含一口哈帕，适度的刺激和黏稠润滑的酒液触碰到舌尖，水果的后味在口中回荡。酿造出这个风味的秘诀是原料中玉米的比重占 86%，玉米比重越高，味道就越醇厚。

被誉为"波本代名词"的哈帕威士忌，是由年仅 19 岁的德国人艾萨克·伯恩海姆与他的兄弟一同创立的。当艾萨克刚来美国时，身上仅有 4 美元，在数个地方打零工，他把兄弟伯纳德也叫到美国。两年后，兄弟俩决定共同创业，经营威士忌酒。兄弟二人公司的销售员哈帕（Harper）很受顾客欢迎。因此，伯恩海姆兄弟就把他们卖的威士忌酒称作"哈帕先生的威士忌"。后来艾萨克将姓名中前两个词的首字母 I 和 W，再加上 Harper，组成了品牌名"哈帕威士忌（I. W. Harper）"。

人们通常认为，陈酿 6 年的波本最适宜饮用，哈帕公司在 1961 年打破固有观念，推出了陈酿 12 年的波本，并因此名声大噪，同行纷纷模仿，并推出长期陈酿威士忌。"哈帕 12 年"可谓是波本业界内的先驱了。

I. W. HARPER

哈帕金牌（40%vol）

哈帕系列基础款，过喉清爽。酒标上的五枚金牌是在各个威士忌大赛中获奖的功绩。哈帕从70年代开始正式进入日本市场，在日本消费者心目中也是高级威士忌之一。

哈帕12年（43%vol）

陈酿12年，口感顺滑且浓厚。不仅容易入口，还有一种怀旧感。酒瓶为四方形，凹面的设计是其标志。

哈帕金牌

玉米威士忌也值得推荐

入口轻柔让人沉醉

原料中使用80%以上比例的玉米和使用没有烘烤过的新木桶进行陈酿的酒液称为玉米威士忌（Corn Whisky）。为了让玉米进行糖化，其他20%的原料中会有少量的大麦麦芽。玉米风味十足，且带有温柔的甜味。

玉米威士忌的代表

普莱特·沃雷（Platte Valley）（40%vol）

圆润又醇厚的口感萦绕舌尖

倒一杯普莱特，抿一口，玉米的风味温柔地包围舌尖。这款威士忌经橡木桶陈酿，呈现丰富且复杂的醇厚感。除了通常的瓶体以外还有如右图一样的陶器石瓶。

117

波本

占边（Jim Beam）
口感清爽，是全球最受欢迎的波本威士忌

占边威士忌，保留了波本的醇厚、浓香，但口感轻盈。口感轻盈的威士忌大多易入口。占边是常年保持全世界和全美销量第一的波本威士忌。

占边威士忌始于 1795 年，创始人雅各布·比姆（Jacob Beam）是德国人，移民到美国肯塔基州，随家人酿造威士忌。这个地方不仅有优质的水源，适合玉米、黑麦种植的土地，还有作为木桶材料的橡木林，自然环境满足了所有适合酿造威士忌的条件。

占边创立以来，已有二百多年的历史。比姆家族二百年来历经风雨，一直忠实地使用着历史悠久的家族配方及传统。这样使用独创配方，且传承至今的品牌少之又少。虽然在 1967 年占边公司被其他公司收购，但酿造技术和品质一直由比姆家族把控，品牌的精髓和精神，会继续代代传承。

占边威士忌到目前为止出售了超过五百种不同酒标的系列瓶。收集不同包装的占边，也是一种乐趣。

JIM BEAM

占边（40%vol）
陈酿 4 年，白色酒标。

占边特选（40%vol）
Jim Beam's Choice
陈酿 5 年，绚丽的绿色酒标。

占边黑标 8 年（43%vol）
Jim Beam Black Label Aged 8 Years
陈酿 8 年，口感饱满、醇厚。黑色酒标。

今晚的推荐！

占边黑标 8 年

黑麦威士忌也值得推荐

Q：黑麦威士忌不是波本威士忌吗？

A：黑麦威士忌是指原料使用黑麦，不属于波本的范畴。

原材料使用51%以上的黑麦，使用全新木桶并进行烘烤后陈酿两年以上的酒液称为黑麦威士忌，相比波本威士忌更加醇厚且有独特的黑麦香。黑麦威士忌的起源比波本威士忌更早。

几款黑麦威士忌品牌

占边 黑麦（Jim Beam Rye）（40%vol）

轻盈又热烈

占边公司自1945年前后开始出售的纯黑麦威士忌。黄色的酒瓶，口感轻盈。

老奥弗霍尔德（Old Overholt Rye）（40%vol）

清爽十足

创立于1810年的传统老铺，目前在占边公司旗下进行蒸馏酿造。口味不甜，属于干型、清爽的类型。

威凤凰 黑麦（Wild Turkey Rye）（50.5%vol）

辛辣度是微微辣

与纪念威凤凰8周年推出的纪念款相同，这款黑麦威士忌拥有相同的高酒精度。"威凤凰黑麦"口味浓厚、甘甜、带有黑麦特有的辛辣，是一款上等佳品。

波本

美格（Maker's Mark）
红色蜡签突显手工制造与品牌魅力

美格完全没有波本特有的苦味和木桶香，它拥有独特的柑橘系甜香。据说美格威士忌在研发时为了追求更加柔顺的口感，将原料中的黑麦改为冬季收割的小麦。在所有生产波本的酒厂中，美格酒厂的规模最小。

由塞缪尔斯（Samuels）家族经营的这家美格酒厂曾经经历过一次停业关厂，第四代继承人把变成废墟的酒厂翻修后重新开张，继续传承着先祖的嘱托和希望。

美格酒厂为了保证高品质而坚持少量生产，保持传统酒厂制酒的方式，每一瓶都采用手工蜡封。剪开美格的蜡封，看着杯中酒，仿佛能感受到酿酒工人们的热情和情怀。

另外，除了美格标配的红色蜡封外，还有黑色和金色的蜡封。

独特的外包装要归功于第四代继承人的妻子

商标

— S 代表塞缪尔斯家族

— IV 指复兴酒厂的第四代传承人比尔（Bill）

— ☆ 指酒厂所在地星山农场（Star Hill Farm）

为美格重新设计商标和外包装的是第四代传承人的妻子玛吉。美格的酒标和蜡封与其酿酒工艺一样，坚持手工打造。

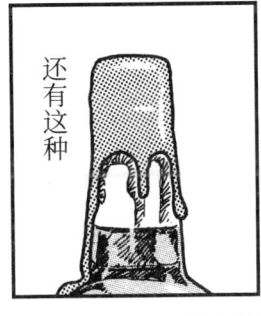
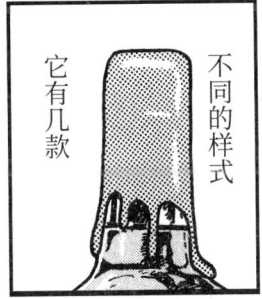

如果同时买入几瓶美格，可以对比蜡封的流线感。

MAKER'S MARK

美格红色蜡封威士忌（Red Top）（45%vol）
原料中不使用黑麦。

美格黑色蜡封威士忌（Black Top）（47.5%vol）
现任继承人推出的一款比父亲研发的红色蜡封威士忌更胜一筹的美酒。
口感更加芳香醇厚。

美格 VIP（Gold Top）（45%vol）
为 VIP 客户而研发的产品。使用金色蜡封，更显优雅与高贵。

波本

老林务官（Old Forester）
顶级香味彰显正统派波本

老林务官的酒精度数虽然与其他威士忌相同，但并不呛口，酒液顺着喉咙流下，像砂糖果子一样的甜味扑鼻而来。华丽的香味中还有丰富的层次，余味干爽，正是正统派波本应有的样子。

老林务官出自布朗·福曼公司，是与时代威士忌齐名的主打威士忌。布朗·福曼公司创立于1870年，当时市面上的波本以木桶装为主，不乏烈酒混充在其中。布朗·福曼是世界上第一个将波本酒装瓶出售的公司，创始人乔治·布朗在酒标上手写标明"此款威士忌由我公司独自蒸馏酿造，保证高品质与风味"，同时用下划线加了一句"市场上绝无仅有的优质波本"。此举引起了巨大反响，老林务官这个品牌在当地名声大震，直到现在，我们去购买老林务官，依然可以看到这响亮的品牌誓言。

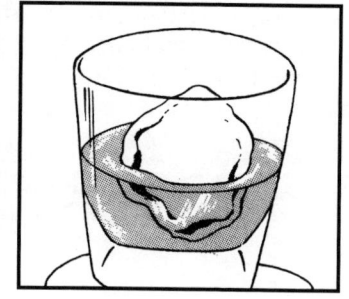

OLD FORESTER

今晚的推荐！

老林务官（43%vol）
老林务官保税威士忌（50%vol）
Old Ferester Bonded
根据保税法（请见下方解释）规定的波本。

今晚我们喝个尽兴吧！

呦，是小乡呀！好久不见了。

具有男子气概的波本
适合一人享用

有的酒瓶上会以缩写 BIB 标识。

政府所监督的保税威士忌（Bottled in bond）

在 19 世纪末，市面上波本的质量参差不齐，为了保证生产出高品质的威士忌，政府颁布了保税法。从众多波本中，通过政府出具的严格条例（要求至少陈酿 4 年，酒精纯度在装瓶时为 50%，必须由同一个酒厂制造）的品牌即可印上"BONDED"或"BOTTLED IN BOND"字样。

虽然现在这条法规已被废除，除了必须在政府管辖外的仓库进行陈酿这一点以外，基本上现在市面上能买到的威士忌都符合相关条例。

波本

威凤凰（Wild Turkey）
雄厚又浓郁的味道

饮一口威凤凰，美味从喉间弥漫到身体的各个角落。酒体偏重，口感厚重又富有甜味。世人给予它"波本之王"的赞美，也算实至名归了。

受到广泛赞誉的风味，就出自威凤凰酒厂。这家酒厂不使用主流的不锈钢发酵桶，而坚持使用古老的杉木桶。陈酿8年的酒体统一调成刚好50.5%vol，会慎重加水进行微调。这个度数从建厂以来从没有变过。

品牌的英文名意为"野生七面鸟（火鸡）"。关于这个名字的由来，还有一个传说。

有一天，一位七面鸟猎人来到这家酒厂，在玻璃瓶里装满威士忌，带回去与一同狩猎的同伴分享。同伴们品尝后，都赞不绝口。从此，每年一到七面鸟的狩猎季节，一定会有大量订单涌入这家酒厂。由此，这家酒厂便更名为"威凤凰"。

威凤凰最早的酒标上画有一只展翅飞翔的七面鸟，从1994年起，改成了侧身站立的图案。

WILD TURKEY

威凤凰标准威士忌（40%vol）
Wild Turkey Standard

威凤凰 8 年（50.5%vol）
系列的经典款。香味浓郁而悠长是它的魅力所在。

威凤凰珍藏威士忌（约54.5%vol）
Wild Turkey Rare Breed
达到陈酿的品质高峰后，直接取出装瓶。因此，每瓶酒精度数会有略微的不同，仅进行少批量生产。

威凤凰 12 年（50.5%vol）

今晚的推荐！

威凤凰 8 年

在室外可携带的随身酒壶,英文叫作"flask"。可以挂在腰间,也可以放在口袋里。
它的特点是为了能够放在臀部口袋中而设计的弯曲形状。

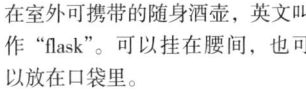

竞赛观赏、户外活动等,如果在寒冷的室外想快速暖身,威士忌是最佳选择。

田纳西

杰克·丹尼（Jack Daniel's）
既是波本，又不是波本

当酒液倒入玻璃杯中，交织的果香和木桶香芬芳四溢。酒液触碰舌尖，温柔的甜香让人愉悦又刺激，像是经过洗礼的贵公子。

简洁的黑白酒标上写着"Tennessee Whisky（田纳西威士忌）"，很多人可能会疑惑杰克·丹尼到底是波本还是田纳西？从法律层面来说，杰克·丹尼属于波本，但是一般都称它为田纳西威士忌。

80%的波本产自肯塔基州，而杰克·丹尼来自田纳西州。田纳西威士忌在装瓶前要用枫木炭进行过滤（请见右图），这样得到的酒液口感更顺滑，还带有淡淡的甜味。

代表田纳西威士忌的杰克·丹尼，其创始人杰克·丹尼从7岁开始在酒厂打工，16岁创立自己的酒厂，是威士忌业界的传奇人物。由他酿造的威士忌在1904年获得世界博览会的金奖，进入世界名酒的行列。

"由我来送那位女士一杯吧！"拜托酒保为女士点酒并不失礼。但请记得，举止要绅士。

今晚的推荐！

JACK DANIEL'S

杰克·丹尼黑方（40%vol）

杰克·丹尼绅士（40%vol）
Gentleman Jack
蒸馏酒液后和装瓶前，总共两次使用枫木炭进行过滤。入口顺滑。

杰克·丹尼单桶（47%vol）
Jack Daniel's Single Barrel
在所有的陈酿木桶中选出最佳陈酿程度的木桶，不与其他木桶混合，直接进行手工装瓶的一款威士忌。

杰克·丹尼黑方

和波本有什么区别？

木炭是关键

田纳西威士忌的制造方法中有一道工序，就是使用枫木炭进行基酒过滤，因此过滤后的酒比波本更加柔和、细腻。

田纳西威士忌的酿造方法

在蒸馏之前，所有工序与波本相同

木炭过滤
- 将枫木晒干
- 枫木燃烧后做成枫木炭
- 敲碎成颗粒的枫木炭放入过滤槽

在过滤槽中大概使用 10 天的时间进行完全过滤

过滤后……
可剔除玉米油等基酒中不好的成分

口感更加柔顺、纯净

加水后、使用内侧烘烤过的橡木桶进行陈酿、装瓶

加拿大威士忌的分类

柔和的加拿大威士忌
品尝清淡的别致风味

可能有些人会说:"我还没喝过加拿大威士忌呢。"但很多人应该都曾品尝过以加拿大威士忌为基酒的鸡尾酒。

加拿大威士忌的特点,无疑是酒体轻盈,而且是所有威士忌中最清淡的一款,经常被用于鸡尾酒的调配。而它轻盈百搭的口感,也适合与各种软饮搭配。

加拿大威士忌的兴起是在美国的独立战争后,反对独立的人们移居加拿大,人们将酿造工艺带到多伦多、渥太华。在美国禁酒法的背景下,这两个城市中大量的酒厂纷纷建立,加拿大的威士忌酒业得到了迅速发展。

威士忌的调配方法是这样的:以原料为黑麦的调味威士忌,和以玉米为原料的基酒进行混合和调配。如原料中黑麦占51%以上的比率,即标识为黑麦威士忌。

加拿大威士忌口感轻盈,酒量不大的人也可享用。尤其适合与碳酸饮料兑饮。

了解加拿大威士忌的种类

调味威士忌
Flavoring Whiskey

- **原 料** 黑麦、玉米、大麦、麦芽等。

- **酿造法** 使用连续蒸馏器进行蒸馏后再使用单式蒸馏器进行蒸馏，陈酿 3 年以上。

- **风 味** 芳香浓郁，酒精度高。主要用于调配。

▶ 加拿大威士忌

- **酿造法** 将调味、基底威士忌进行调配。

- **风 味** 直饮也十分清爽、易饮。口感清爽。

基底威士忌
Base Whiskey

- **原 料** 玉米、大麦麦芽等。

- **酿造法** 使用连续蒸馏器进行蒸馏后，陈酿 3 年以上。

- **风 味** 与谷物威士忌相同，属于适应性很强的一款威士忌。没有很强的个性与香味，适合做调配酒。

加拿大黑麦威士忌
Canadian Rye Whiskey

- **原 料** 原料的 51% 以上为黑麦。

- **风 味** 相比加拿大威士忌更加清爽，风味朴素。
艾伯塔（Alberta Premium）（见本书第 133 页）、麦克亚当斯（McAdams）等在口感清爽的基础上，酒液更加柔滑。

加拿大

加拿大俱乐部（Canadian Club）
拥有"C.C."爱称的威士忌

就算是不太喜欢喝威士忌的人，也可以品尝这款加拿大俱乐部，因为它拥有华丽的香味，口感清爽易饮，烧灼感极弱，即使不擅长饮酒的人也可以享用。

加拿大俱乐部的酒厂创立于1856年，安大略省的沃克维尔。甚至可以说是先有了酒厂，才有了沃克维尔城镇。

海勒姆·沃克（Hiram Walker）是加拿大威士忌的鼻祖，我们现在所喝到的加拿大威士忌的基本酿造方式就是由他发明的。当时，在绅士聚集地"绅士俱乐部"中，海勒姆酿造的威士忌获得了全员的高度赞赏。由此，这款威士忌得名"俱乐部威士忌"。

这款"俱乐部威士忌"进入美国市场后，同样广受好评。1890年政府出台区别美国、加拿大的威士忌产地的法案后，才正式改名为"加拿大俱乐部"。

19世纪末，加拿大俱乐部获得了"皇室御用酒许可证"，受到全世界饮酒人士的喜爱，而拥有"C.C."的爱称，成功成为全世界知名品牌。

受禁酒法恩惠的威士忌

说到美国酒，人们经常会联想到饱受争议的禁酒法。其实禁酒法与加拿大威士忌也有很深的渊源。

在暗中交易的禁酒法时代，市场上的酒品质参差不齐，而从加拿大秘密运输的酒却因价格公道、品质优良，受到了大众的信赖和赞赏。在禁酒法废除后，美国的酒商开始着力去整顿酒厂，而那时加拿大威士忌已在行业内扎下了根。

兼容性强、适合调配鸡尾酒，这些都是加拿大威士忌的长处。鸡尾酒文化也在禁酒法解除后飞速发展，大放光彩。

> 实际上大家都在偷偷喝酒。

CANADIAN CLUB

加拿大俱乐部（40%vol）
　　陈酿 6 年
加拿大俱乐部黑方（40%vol）
　　陈酿 8 年
加拿大俱乐部经典 12 年（40%vol）
加拿大俱乐部 20 年（40%vol）

加拿大俱乐部

品尝带有"C.C."的鸡尾酒

Q：C.C. 鸡尾酒是什么？

A：以加拿大俱乐部为基酒的鸡尾酒

加拿大俱乐部的平衡感很好，又易饮，因此经常作为鸡尾酒中的基酒。特别是在鸡尾酒酒名中会加上"C.C."字样，称为"C.C. 鸡尾酒"，来强调这款鸡尾酒中使用了加拿大俱乐部。让我来介绍几款吧。

C. C. C

材料
加拿大俱乐部 45ml
可乐　适量

加拿大俱乐部兑饮可乐。在美国是很流行的一种喝法。

C. C. 7

材料
加拿大俱乐部 45ml
七喜　适量

C. C. 咸味鸡尾酒 Salty Dog

材料
加拿大俱乐部 45ml
西柚汁　适量

加拿大俱乐部兑饮西柚汁，沿着玻璃杯涂上盐。除了以伏特加为基酒以外，C. C. 也可以做 Salty Dog。

加拿大俱乐部兑饮七喜汽水。在美国年轻人中很流行的一款。在电影《周末也狂热》中也曾出现过。

加拿大

皇冠（Crown Royal）
献给英国国王的上等威士忌

从厚重的瓶体中倒出的皇冠酒液，呈现优雅的淡琥珀色。含在口中，优雅的清香在舌尖散开，微微的苦味让口感锦上添花。如果您还没有深入接触威士忌，那么最好加水兑饮，口感会更加细腻、柔和。

皇冠威士忌出自施格兰（Segram's）公司，在威士忌领域有着不可撼动的地位。皇冠威士忌从加拿大本土走向全世界，是公司的主打威士忌。瓶身、酒标加上酒名，均与皇冠有关，可以联想到这款威士忌与英国皇室关系了。

1939年，英国国王乔治六世夫妇访问加拿大时，当时的蒸馏厂拥有者萨姆·布朗夫曼（Sam Bronfman）献上了亲自调和的威士忌。一开始这款酒只为国家贵宾专供，后来因太受欢迎，遂作为珍藏款出售。这就是皇冠威士忌的由来。

经典款本身就是高级威士忌，还有一款更加严格甄选的特供品"皇家特选威士忌（Special Edition）"。

CROWN ROYAL

皇冠（40%vol）
皇冠特选威士忌（40%vol）

Crown Royal's Special Edition
口味优雅，带有复杂且有层次的香气，是一款极其珍贵的威士忌。比经典款的皇冠威士忌瓶身修长。适合在特殊时刻品尝。

今晚的推荐！

SEAGRAM'S VO

施格兰 (40%vol)

加拿大的代表威士忌之一

以黑麦和玉米为主要原料，蒸馏后的酒液陈酿 6 年以上而成。入口温柔顺滑、轻盈且易饮。它是 20 世纪初推出的品牌。在酒标上有大写烫金字体 VO，一目了然，是代表加拿大的威士忌之一。

ALBERTA PREMIUM

艾伯塔优质威士忌 (40%vol)
艾伯塔甘泉威士忌 10 年 (40%vol)
Alberta Spring 10 Years

加拿大产的黑麦威士忌，就是它了

这款威士忌具有黑麦威士忌的口味和特色：质感朴素，酒体轻盈。艾伯塔优质基本款的陈酿期是 5 年。而"甘泉"是陈酿十年的窖藏，口味更加柔顺、细腻。

艾伯塔优质威士忌

苏格兰与波本的国际象棋对决

　　在根据格雷厄姆·格林的小说改编的电影《哈瓦那特派员》中，威士忌扮演了重要角色。

　　老实的英国男人在古巴的哈瓦那卷入了间谍行动中，他被夹缠其中无法解脱，在一个场景中，他与当地的警察下国际象棋，而棋盘上所有的棋子，都是迷你威士忌。规则是拿到棋的一方，必须将迷你威士忌一饮而尽。英国男人的棋子是苏格兰威士忌，警察则以波本威士忌进行对决。

　　英国男人故意输给警察，警察一杯又一杯地喝下，最后喝得酩酊大醉。男人偷走了警察的手枪，逃出了困境。

　　迷你瓶装威士忌的国际象棋，想不想尝试一次？

第4章

日本威士忌

— 精湛的酿造工艺与改良的日式风味 —

日本威士忌的分类

香气持久、精致细腻的日本威士忌
对苏格兰威士忌的独特创新

即便是平时不喝威士忌的人，一定也从电视广告中了解过日本的威士忌品牌。

日本威士忌，与威士忌的大本营苏格兰一样，分为单一麦芽威士忌与调和威士忌。日本威士忌的口感与苏格兰威士忌相似，在其基础上改良后，大大降低了烟熏味，即使兑水也不会破坏原有的风味。

日本的首款威士忌名为"白札"，是三得利的前身，1929年于寿屋洋酒店开始销售。不久，东京酿造推出了汤米威士忌（Tommy Whisky），1955年已停止生产。1940年，一甲（Nikka）威士忌诞生了。第二次世界大战后，出现了东洋制造（现为旭化成）、大黑葡萄酒（现为美露香葡萄酒）。1974年，麒麟施格兰（Kirin Seagram）加入生产威士忌的行列。

日本威士忌的发展历史尚浅，在世界上的知名度还不如其他产区的威士忌。尽管如此，日本威士忌的质量却很高，有鲜明的个性和风味。近年来更是逐渐成长，凭借自成一派的风格成为国际烈酒界亮眼的名片。

日式威士忌的喝法：水割法

在日本，人们常说"水割法"，就是通过加冰或水来调配威士忌。关于饮用威士忌该不该加冰，不同的人有不同的观点，私以为两种喝法各有千秋。

日本威士忌（特别是调和型）多数是配合水割法而打造的。日本因地理和气候原因，空气湿度大，因此加入冰块后更易入口。

但加入冰块后，过低的温度会阻碍香气的扩散。因此，如果是品尝单一麦芽，或者想感受香味的话，还是不要加冰为好。

即使加水稀释也香气依旧。

了解日本威士忌的种类

麦芽威士忌

- **原料** 大麦麦芽
- **酿造法** 在单式蒸馏器进行两次蒸馏后，使用橡木桶进行陈酿。
- **风味** 与苏格兰威士忌的口味相似，降低了烟熏味，更易入口。

调和威士忌

- **酿造法** 麦芽威士忌与调和威士忌进行调配。
- **风味** 相比苏格兰威士忌风格温和、轻柔。香味悠长，以水兑饮也不会破坏香味。

谷物威士忌

- **原料** 玉米等谷物
- **酿造法** 使用连续式蒸馏器进行蒸馏后，使用橡木桶进行陈酿。
- **风味** 兼容性强，个性中和，主要用于调和使用。

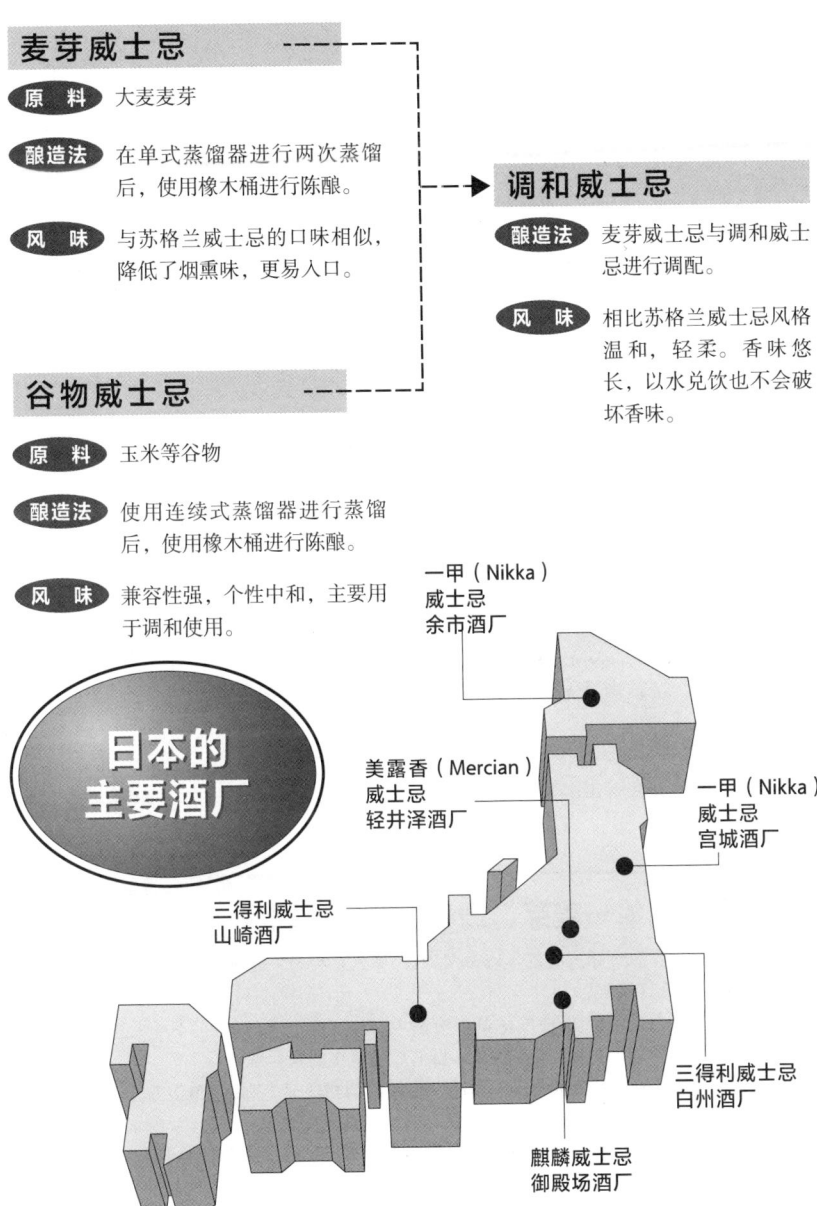

日本的主要酒厂

- 一甲（Nikka）威士忌 余市酒厂
- 美露香（Mercian）威士忌 轻井泽酒厂
- 一甲（Nikka）威士忌 宫城酒厂
- 三得利威士忌 山崎酒厂
- 三得利威士忌 白州酒厂
- 麒麟威士忌 御殿场酒厂

 三得利

山崎

日本麦芽威士忌的代表，香味浓郁、回味无穷

山崎威士忌带有木桶香和恰到好处的烟熏味，圆润的甜香让人心情舒畅。山崎威士忌的香味可与艾雷岛威士忌媲美，没有尝试过的人可以加一点水兑饮。

1923年（大正十二年），三得利前身——寿屋洋酒店的创始人鸟井信治郎满怀热情地投身于创立日本本土的威士忌品牌。为了寻找适合酒厂的位置，他跑遍了全日本，最后在京都西南方的山崎落脚，并创立了酒厂。山崎酒厂酿造威士忌的水源是茶道鼻祖千利休倾慕的名水，日本第一款威士忌"白札"就是使用这里的水源酿造的。

日本威士忌起源于山崎，山崎酒厂为纪念其创立60周年而推出了"山崎12年"。这款威士忌从陈酿12年以上的麦芽桶秘藏威士忌中甄选，并进行装瓶，口味和品质获得了全世界的高度评价。喝着12年窖藏的山崎，回忆着日本威士忌历史的变迁，实在是至高的享受。

纯麦芽、单一麦芽、调和麦芽的区别

酒标上通常会标注纯麦（Pure Malt），那么它与单一麦芽（Single Malt）有什么区别呢？

日本威士忌中标识的 Pure Malt 有时与 Single Malt 表达的是同一个含义，中文为纯麦芽/单一麦芽。目前比较常用的是后者。

而混合了多家麦芽威士忌的产品，会使用调和麦芽（Vatted Malt）这一术语（见本书第169页）。

当买到威士忌时可以看看酒标上的标识，不仅了解了威士忌的小知识，还增加了品酒的乐趣。

根据品牌，表达方式会略有不同。

YAMAZAKI

三得利单一麦芽山崎 10 年（40%vol）

三得利单一麦芽山崎 12 年（43%vol）
> 曾在 2003 年国际葡萄酒及烈酒大赛首次为日本赢得金奖。获奖评语是："这款美酒的醇厚木桶香让人感受到日本的独特风味。"

三得利单一麦芽山崎 18 年（43%vol）

三得利单一麦芽山崎
雪莉桶 1983（45%vol）
> 1983 年进行蒸馏的限量款，使用雪莉桶进行陈酿。香味浓郁。

三得利单一麦芽山崎 25 年（43%vol）
> 为纪念三得利创业 100 周年而酿造的限量款。使用陈酿 25 年以上的基酒。

今晚的推荐！

三得利单一麦芽山崎 12 年

山崎水源的三大保证

名水百选
位于天王山脚下的"离宫之水"，是日本名水百选之一。山崎威士忌的水源也是来自这里。

利休的茶室
山崎在古代被称为"水生野"，名水之地。历史上茶圣千利休，曾在这里建造茶室"待庵"。

获得博士认可
山崎向苏格兰威士忌专家穆尔博士递交了水质样本，穆尔博士回复：山崎的水资源非常适合用作威士忌酿造水。

这可真是太美味了！

好喝！

三得利

白州
源于日本南阿尔卑斯，带来山的味道

白州蕴含鲜明的橙子、柚子等果香，入口非常清爽。它与上等的干型白葡萄酒极为相似，是一款容易入口的威士忌。

在山崎酒厂创立 50 年后的 1973 年（昭和四十八年），三得利公司在南阿尔卑斯甲斐马驹岳建立了第二家酒厂，即白州酒厂。

白州的水源，是日本南阿尔卑斯山脉甲斐驹岳山的雪山融水，经过近三千米花岗岩山体层层过滤，水质纯净清洌，是世界范围内硬度最低的威士忌酿造用水。优质的水源，经传统木桶发酵后，再使用釜器进行直火蒸馏。细腻而精湛的酿造手法，保证了每一滴白州都是精华的浓缩。

山崎口感圆润，回味悠长；白州则口感细腻，后味清爽。二者风格不尽相同，对比饮用方能体会个中乐趣。

品尝白州时，首先推荐直饮，而后兑入适量纯净水，感受口感和气味的变化。白州即使加入水或汽水兑饮也不会破坏风味，反而口感更加柔和，过喉顺滑，美味加倍。

HAKUSHU

三得利单一麦芽白州 10 年（40%vol）
果香浓厚，带有一丝凉爽。入口时酒体不轻也不重，有适度的厚重感。

三得利单一麦芽白州 12 年（43%vol）
这款威士忌使用了过滤酒液中多余成分的技术，因此口感纯净清爽。也许是因为陈酿桶和储藏库都被森林包围，酒液中富有恰到好处的木香味，除此之外还有略微的烟熏风味。

三得利单一麦芽白州 10 年

两大自然要素为白州提供得天独厚的条件

日本阿尔卑斯山脉的天然水
日本南阿尔卑斯山脉甲斐驹岳的雪山融水,是日本名水百选之一。

湿冷的森林气候
白州的陈酿环境在森林的湿冷空气中,因此口感极像干型的白葡萄酒。

与相同产地的食物一定很相配。

出自森林的威士忌,就该在森林里享用

除了在酒吧与一杯威士忌一起度过一天中最后的时光,在阳光下品味威士忌也是个不错的选择。

白州就特别适合在白天啜饮,呼吸着森林中湿冷的空气,品味陈酿的威士忌,还可以搭配森林中的鱼、蔬菜、水果等特产,别有一番风味。

比如品尝白州,可以配尾白川的烤河鱼、炒蘑菇等。如果能在白州酒厂附近获取食材制作下酒菜,与源自森林的白川实在是绝配。

三得利

托利斯（Torys）
引发"二战"后日本的洋酒风潮

这是一款微微带有甜味，轻盈又余味清爽的调和威士忌。上了年纪的人饮上一口托利斯，一定会怀念起从前。

托利斯，正是引发了"二战"后空前"洋酒热"的著名威士忌。据说这款酒的诞生，源于一次偶然。

1919年，三得利的创始人鸟井信治郎品尝了陈年葡萄酒桶中的利口酒，不禁大赞好喝。经过岁月的洗礼，酒液已陈酿成了晶莹的琥珀色。鸟井信治郎尝试将该木桶中的威士忌以"托利斯（TORYS）"的名字出售，没想到很快被哄抢一空。从此以后鸟井对酿造威士忌有了更坚定的信念。

使用真正威士忌原酒重新酿造的新品牌托利斯在"二战"后于1946年面世。当时的日本物资严重不足，人们只能饮用劣质酒来过酒瘾，托利斯威士忌的出现，给日本带来了新时代的希望。在日本战后重建，飞速发展的时期，"洋酒热"也在急速发酵，其核心正是托利斯。直到今天，它依旧承载着老百姓的梦想和希冀，继续前行。

TORYS

托利斯（37%vol）
秉承"物美价廉"的宗旨，如今依然有着极高的人气。

托利斯方瓶威士忌（37%vol）
Torys Square
简洁的四角瓶体，个性温和，入口柔顺。

托利斯威士忌

今晚的推荐！

"爱妻家"托利斯叔叔

卡通人物"托利斯叔叔"在电视广告中十分有名，下面是三得利的官方人物介绍：

★ 出生于昭和三十三年（1958年）
★ 座右铭是"接地气"
★ 喜好女色
★ 妻子是和服美人

喝上一杯威士忌，金句不禁脱口而出呢！

广告宣传让威士忌更加亲民

"味美价不高""托利斯让您更有人情味""世间美酒千百种，我独钟爱托利斯""带上托利斯，奔向夏威夷"……这些经典的广告语，想必很多人都耳熟能详吧。托利斯的广告以日本上班族的视角设计，当时有很多人因为这些贴心的广告，成了托里斯的爱好者。

创造这些名句的三得利宣传部人才辈出，开高健（芥川奖作家）、山口瞳（直木奖作家），以及托利斯叔叔卡通形象的创作者柳原良平等，都来自这个部门。

 三得利

角瓶
人气经久不衰竟是因为酒瓶上的龟甲纹路？

角瓶是调和威士忌，口感醇厚，会在舌尖留下微微的烧灼感，常年被日本人民评为最喜爱的威士忌。喝酒的人，起码都喝过一次角瓶。

角瓶诞生于昭和十二年（1937年）。在此之前，日本第一款国产威士忌"白札"和第二款威士忌"赤札"销量惨淡，陷入经营危机的寿屋（三得利公司前身）创始人鸟井信治郎决意用余下库存的陈酿基酒进行调配，推出调和威士忌。当时日本只有三位苏格兰威士忌专家，每当调配出新品种，他们就会被邀请来盲品。三年后，受到三位专家一致认可的威士忌终于诞生了，这就是角瓶。

角瓶威士忌的成功，要归功于日式改良，使得口感更加圆润。而另一个不得不提的成功秘诀，在于酒瓶的龟甲设计。鸟井的这项瓶身设计，据说是以萨摩切子（日本传统玻璃雕花工艺）工艺制作的香水瓶为灵感源泉。

在早期，"角瓶"只是一个昵称，而非正式的酒名。因为瓶身的独特设计，不知道从什么时候开始，饮酒爱好者纷纷称其为"角瓶"。后来，这个昵称成了正式的名字，成为了家喻户晓的日本调和威士忌品牌。

KAKUBIN

三得利角瓶（40%vol）
口感柔和，余味清爽。黄色酒标。

三得利白角（40%vol）
Suntory Kakubin White
口感轻盈、辛辣。适合与日本料理中的烤鱼、刺身配餐饮用。白色酒标。

三得利黑角（40%vol）
Suntory Kakubin Black
适合以苏打水、巴黎水兑饮，配日本料理中的天妇罗、煎饺等。这款清爽的威士忌适合搭配高油脂的菜肴。

三得利角瓶

四方形瓶体
有些笨拙、有亲近感的四方形瓶体，在威士忌外形中比较少见。

龟甲纹路
在瓶体上铺满了六角形龟甲的纹路。引用万年之寿的吉祥之意，使用了乌龟的龟甲设计。日式设计感十足。

角瓶 OLD 是特别款哦！

日本高级威士忌代表——三得利 OLD 威士忌

角瓶诞生三年后，"三得利 OLD"诞生了，但由于战争等原因，这款酒十年以后才正式面世。三得利 OLD 在日本国产高级威士忌领域有着不可撼动的地位。这款酒曾经是上班族最向往的威士忌。随着它的快速发展，产品定位从奢侈品威士忌逐渐转变为平价威士忌。OLD 威士忌发售至今已超过 50 年，依然是非常畅销的品牌。这款威士忌瓶体呈黑色，外形浑圆，因此有了"达摩""黑丸"的别称，关西地区甚至还有"小浣熊"这样的爱称。

三得利

響

享誉世界的"日本威士忌最高峰"

酒体从玻璃杯缓缓流入口中，威士忌厚实的风味渗透到舌间，浓浓的香气回荡在空气中，余味有淡淡的花香。这是一款醇厚又值得认真品味的调和威士忌。

響，是1989年三得利为纪念创业90周年，带着自豪与自信，面向全世界推出的高级威士忌品牌。这款调和威士忌主要选用山崎酒厂酿造的三十多种麦芽基酒和几种谷物威士忌进行调配，均为陈酿17年以上的上等佳品。

在储藏库中沉睡的每一种基酒都经过调配师的品尝与甄选，被他们认可的基酒经过陈酿而慢慢熟成。层层筛选后，只有最好的基酒可以用于響的调配。这正是響口味醇厚、弥足珍贵的原因。

除此之外，还有以山崎酒厂陈酿22年的基酒进行调配的"響21年"，以及陈酿30年以上的"響30年"，均属超高级威士忌。

響，是日本自大正时代对威士忌酿造精益求精的体现，也是日本国产威士忌历史的结晶。

优美的瓶体外观，细腻的弧度是关键

響威士忌的瓶体有二十四个切面，代表着一天中的二十四个小时，以及农历中的立春、夏至等二十四节气，象征着人与自然的共生。

酒标的用纸，是日本和纸艺术家堀木绘里子手工制作的越前和纸。在和纸上用毛笔字赫然写有"響"字，由书法家兼平面设计师萩野丹雪题写。響不仅在味道上融合了西方与日本的精神与梦想，还在外观上追求日本的风骨与淡雅的东方韵味。

人与自然的和谐共鸣。

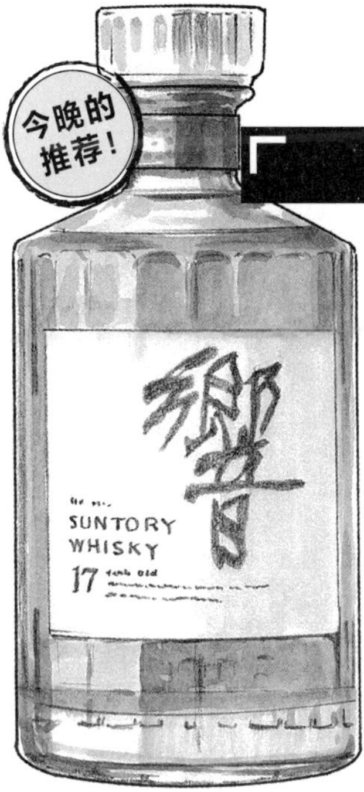

今晚的推荐！

HIBIKI

三得利响（43%vol）
使用陈酿 17 年以上的基酒进行调配。

三得利响 21 年（43%vol）
黑色的酒标是其标志。

三得利响 30 年（43%vol）
日本第一款陈酿 30 年以上的威士忌。这款水晶瓶体有 30 个切面。

使用于响的主要基酒
山崎（见本书第 138 页）
白州（见本书第 140 页）

* 主要用于调配的山崎和白州，也分为不同种类和陈酿年份的基酒。

三得利响

响是由使用不同种类木桶、不同陈酿年份的原料酒中甄选出的 33~39 种基酒，共同调配而成的，如同一首恢宏的协奏曲。

 一甲

余市

追求苏格兰威士忌的极致口感

余市威士忌味道醇厚而回味悠长，拥有与苏格兰本土单一麦芽威士忌不分上下的高品质。

承载着对日本威士忌未来的希望，余市诞生于一甲（NIKKA）威士忌创始人竹鹤政孝创建的北海道余市酒厂。为了学习威士忌酿造技术，竹鹤远赴苏格兰留学，学成后成为了寿屋山崎酒厂的设计和总指挥，见证了日本国产威士忌的酿造发展。为了追求和创造理想的威士忌，竹鹤在北海道的余市创立了独立酒厂。

竹鹤的热情，来源于创造与苏格兰威士忌齐名的日本威士忌的梦想。由于他太过执着于高质量，产品售价难免比市面上同行的价格偏高。有很长一段时间，余市的销量持续低迷。但竹鹤仍然恪守原则，坚持着自己的信念，后来日本威士忌进入了快速成长期，余市终于发展成日本威士忌领域可与三得利比肩的知名品牌。

余市，融合了一甲创始人的热情与梦想，不愧为至高无上的单一麦芽威士忌。

YOICHI

单一麦芽余市 10 年（45%vol）
单一麦芽余市 12 年（45%vol）
单一麦芽余市 15 年（45%vol）
单一麦芽余市 20 年（52%vol）

能够品尝出严峻环境下酿造出的圆润与细腻口感。

单一麦芽余市 10 年

北海道的余市
与竹鹤政孝学习酿造威士忌的
苏格兰
无论气候还是风土人情
都非常相似

入口细腻顺滑是它的特色。

一甲第二蒸馏酒厂宫城峡的单一麦芽威士忌

继一甲公司北海道余市酒厂后建立的第二家酒厂,位于宫城县仙台市。竹鹤将这个地方命名为宫城峡,酿造出的酒则称为"宫城峡单一麦芽"。

宫城峡威士忌,相比余市更加温和、柔顺,口感细腻。

该系列有10年、12年、15年三种陈酿年份,是备受瞩目的单一麦芽威士忌未来之星。

宫城峡除了作为单一麦芽酒,还是其他一甲调和威士忌的基酒之一。

 一甲

黑标一甲
资深调配师也赞赏的轻盈口感

轻快又易饮的调和威士忌，长胡子的资深调配师也赞赏有加，被亲切地称为"胡子一甲"。这款威士忌之所以具有清爽的风味，关键在于坚决不使用泥煤。

黑标一甲（BLACK NIKKA）创立于昭和四十年（1965年），在日本第一款调和威士忌中加入了谷物基酒。它的品牌口号是"特级品也无所畏惧的一等品"，一经推出就风靡日本，在家庭和酒吧间迅速流行起来。

说到酒标上的人物，乍眼一看像是国王在喝威士忌，仔细看的话会发现他的一只手握着大麦穗。实际上这个人物并不是国王，而是威士忌的调配师。

酒标的设计者是创始人竹鹤政孝，他经常强调调配师对于威士忌酿造的重要性。因此，他决定绘画出调配师的理想形象，称之为"调配师之王"。图中，调配师左手中的小玻璃杯并非象征饮用威士忌，而是认真品鉴威士忌。

今晚的推荐!

BLACK NIKKA

黑标一甲（37%vol）

Black Nikka Clear Blend
没有泥煤味，因此酒体清澈、口感清爽、易于入口。

特藏黑标一甲

Black Nikka Special
1965 年开始出售。

黑标一甲 8 年（40%vol）

陈酿 8 年以上的麦芽与谷物威士忌调配。口感润滑。

酒标人物

理想中的调酒师之王"King of Blenders"。

黑标一甲的主要基酒
余市（见本书第 148 页）
宫城峡（见本书第 149 页）

＊余市、宫城峡均为黑标一甲 8 年的主要基酒。

黑标一甲

只是嗅觉好可做不了专业的调配师。

调配师的三项职责

调配师的工作繁琐，但大致可以分为三项。

第一，是管理数百种基酒。除了确认库存和品鉴之外，还要为未来陈酿的数量、品种优化等做长远的规划。

第二，是保持已有的水准和品牌的口味。根据陈酿年份，酒的风味会有微妙的变化。调配师需要根据库存情况，保证无论由于何种因素，都还原出一模一样的风味。

第三，根据时代的发展，不断开发新的威士忌种类。

一甲

鹤

瓶身豪华靓丽，是馈赠佳品

将鹤深琥珀色的酒液倒入杯中，浓香四溢，入口像高地白兰地一般圆润优雅。如此芳香醇厚，让人尽享片刻的宁静，不愧为最高品级的调和威士忌了。

威士忌名称"鹤"，来源于创始人竹鹤政孝。酒瓶上的浮雕画是以竹鹤家族代代相传的屏风画《鹤嬉竹林中》为灵感设计的。

创始人竹鹤相信，威士忌中的灵魂是麦芽威士忌。于是他在余市和仙台创建酒厂，不断研发和酿造理想的麦芽威士忌。特别是余市威士忌，更是被海外评为"世界六大麦芽威士忌"之一。将余市和宫城酒厂精心酿造培育的麦芽基酒中添加几种谷物威士忌，营造出绝妙的平衡感和优雅风格，这就是鹤，是创始人竹鹤梦想的体现。

这款威士忌的酒瓶使用高格调的陶瓷，外形优雅如仙鹤，在日本广受欢迎，是一款适合馈赠亲友的高级威士忌。

一甲诞生的后盾竟是果汁？

一甲威士忌最早以大日本果汁株式会社之名创立。威士忌的制作和酿造需要耗费几年的时间，为了维持酿造期间的经营，公司研发了日本第一款天然苹果汁。现在市面上有各种各样的无添加果汁，而在当时，消费者比较排斥重酸味的天然苹果汁，因此销量低迷，无人问津。

在创立公司六年后，公司的第一款威士忌面世了。公司将品牌名称"大日本果汁"的简称"日果（NIKKA）"作为新威士忌的名字。如今，品牌比较常见的译名是"一甲"。

> Nikka 原来只是简称啊！

TSURU

鹤（43%vol）

调和了陈酿 15~20 年的余市和宫城峡麦芽威士忌，和数种谷物威士忌。除了白色陶瓷瓶款以外，还有细长瓶体配"鹤"字酒标款。

鹤可以长期保存，在想喝的时候随时可以来一杯，最适合送礼。同等价格中，不管容量，要选择高品质的一款。

其他一甲旗下品牌

金世兰 KINGSLAND（43%vol）

回味幽香

大麦和谷物基酒进行 1:1 调配的一款调和威士忌。为纪念一甲创立 40 周年发售。

超级一甲 SUPER NIKKA（43%vol）

加水兑饮也醇厚芳香

入口顺滑、易饮，自 1962 年发售以来长年销量领先的一款威士忌。

一甲调和 THE BLEND（45%vol）

突显大麦的独特个性

这一款以麦芽威士忌为主要基酒，因此香气和口味鲜明。酒精度偏高。

 美露香

轻井泽
在避暑胜地缓缓陈酿成的美酒

轻井泽有着浓浓的花香和经过长期陈酿的厚重风味,是不可多得的高级威士忌。

美露香(Mercian)公司的前身是大黑葡萄酒。大黑葡萄酒厂于1952年开始生产威士忌,最初在盐尻市进行研发和酿造。为追求更好的环境,公司迁移到轻井泽农场的红酒酿造厂。轻井泽酒厂坐落于浅间山下的平原,这里的水源是浅间山的雪山融水,优良的空气和恰到好处的湿度等优质的自然环境,非常适合酿造威士忌。每年夏季,轻井泽储藏库的外墙上都布满了层层叠叠的爬山虎,遮挡了火热的阳光,能够防止四季温度变化过大。

被认为与苏格兰地理环境相似的轻井泽,其公司员工齐心投入威士忌的酿造工作,在1976年推出了100%麦芽威士忌"纯麦海洋(STRAIGHT MALT OCEAN)轻井泽",这是轻井泽系列的第一款威士忌。通常酒名中带有酒厂字样的,均为单一麦芽,但"轻井泽12年"这一款却是调和麦芽威士忌。当然,轻井泽系列也生产单一麦芽威士忌。

KARUIZAWA

轻井泽12年(40%vol)
易饮,入口柔顺。

轻井泽15年(40%vol)
以雪莉桶陈酿为主要基酒,酒液鲜艳,呈红琥珀色。

轻井泽17年(40%vol)
瓶身优雅,口味醇厚。

今晚的推荐!

轻井泽17年

其他美露香旗下品牌

轻井泽大师调和 Masters Blend 10 年

以麦芽威士忌为主要基酒

调和威士忌。2002 年在"国际葡萄酒与烈酒大赛"中获得金奖。

轻井泽佳酿 Vintage

可选多种陈酿年份

以 1972~1991 年的 20 种古董酒搭配调和,陈酿年数 31~12 年,是一款可以根据喜好选择的单一麦芽威士忌。酒液从陈酿木桶中直接装瓶,因此可以根据陈酿年数和不同种类的木桶进行对比品尝。

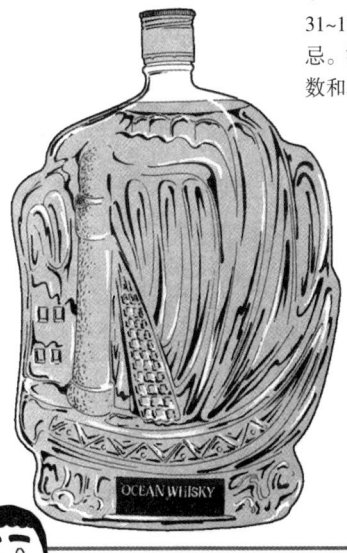

轻井泽海洋帆船 Ocean Ship

帆船形状的酒瓶如黄金般闪烁

以海洋为瓶体的灵感来源,外形的设计模拟了帆船的形状。是将趣味与梦想融为一体的调和威士忌。

可以买到限量款和酒厂周边哟!

参观酒厂,品尝地道威士忌

威士忌爱好者中,不乏专门跑到苏格兰酒厂参观体验地道威士忌的人士。其实不必舍近求远,日本也有优质的酒厂可以参观。多数的酒厂可以免费参观制造工序,还有专业的讲解,更让人兴奋的是可以当场试饮威士忌。

日本酒厂的选址有御殿场、轻井泽、甲斐驹岳山下等,都处于优美的自然环境。有些酒厂还配备餐厅和美术馆,可以作为观光景点,多预留一天尽情感受威士忌文化。但请切记,如果驾车去酒厂,酒厂不会为您提供试饮,请做好可以品尝威士忌的准备。

 麒麟

永恒（Evermore）

富士山伏流水酿造，酒液透明，芳香迷人

华丽又甜蜜的果香扑鼻而来，随后是威士忌特有的烟熏味，逐渐在口中散开。永恒拥有浓郁的果香，是麒麟公司最高级别的威士忌。

麒麟公司的酒厂位于富士山脚下的御殿场市。这里常年流淌着富士山天然矿泉水。优质的软水，是最适合用于威士忌酿造的"Mother Water（母亲之水）"。这里有凉爽的气候、新鲜的空气和优质的水源，具备了优质酒厂的必要条件。

在御殿场酒厂中，威士忌的酿造工序也是别具一格。蒸馏后的酒液只选择最好的基酒进行陈酿；选用小木桶，增加酒液与木桶的接触面积，每一道工序都凝聚着酒厂对质量的追求。

威士忌在富士山下的木桶中精心陈酿21年，由调配师选出当年陈酿状态最佳的基酒进行调配，这才有了珍贵的永恒。由于酒厂对品质的严格要求，永恒每年的产量非常低，是限量发售的"神仙级"威士忌。

日本当地的小众威士忌

日本国内有大量小规模生产的威士忌品牌。例如1941年创立的东亚酒造，发售了自家蒸馏的"金马（Golden Horse）秩父单一麦芽"，还有将进口苏格兰威士忌进行调和的"金马武藏"。兵库县的江井之屿酒造售有"白橡木桶皇冠（White Oak Crown）"，是酒体轻盈的清爽型调和威士忌。

鹿儿岛的烧酒老铺本坊酿造，在信州工厂酿造"驹岳马尔斯麦芽（Mars Maltage）单一麦芽10年"等，还有许多日本当地的小众威士忌。如果在旅途中看到的话，不妨品尝一下具有地方特色的日本威士忌。

有些威士忌还可以在线上购买呢！

EVERMORE

永恒 2004（40%vol）
以陈酿 30 年的麦芽基酒调配。富有高贵的陈酿香气，余味悠长。

永恒 2003（40%vol）
以 1981 年蒸馏的麦芽威士忌为主要基酒。泥煤味较轻。

永恒 2002（40%vol）
永恒 2001（40%vol）
以 1978 年蒸馏的麦芽威士忌为主要基酒。口味厚重、偏甜。

永恒 2000（40%vol）

永恒 2003

每一瓶都有专属序列号

永恒拥有香水瓶一样简单又有格调的瓶体，由于产量很低，每一瓶都有属于自己的序列号。

其他麒麟旗下品牌

波士顿俱乐部 BOSTON CLUB — **有丰醇、淡丽，两种类型**

有口感浓郁的丰醇和适合随餐饮用的淡丽两种选择。

罗伯特布朗特调 ROBERT BROWN SPECIAL BLEND — **口味甜柔**

丰富的水果甜香与圆润顺滑的口感是其特色。

新月 CRESCENT — **混合 40 种以上的基酒**

打开瓶盖就能闻到浓郁的香味。酒精度有 43%vol 和 40%vol 两种，均为细长瓶体。

世界威士忌之旅

　　虽然还没有被广泛认知，但在世界上的很多国家，都有着让你觉得"咦？这里也产威士忌呀？"的地方。

　　比如，澳大利亚。澳大利亚生产的威士忌入口轻柔，主要生产单一麦芽威士忌和调和麦芽威士忌。此外，捷克共和国、印尼都生产威士忌。越南产的威士忌被称作"湄公河威士忌"。

　　不止如此，印度、新西兰、巴基斯坦、芬兰、南非的赞比亚也有自产威士忌。如果在酒吧看到这些国家的威士忌，不妨点一杯品尝。

　　将来，或许这些新兴的威士忌会改变世界主流威士忌的发展。让我们拭目以待吧！

第5章

威士忌基础知识
酿造与饮用

——一直饮威士忌固然好，
偶尔品尝鸡尾酒也不错——

如何酿造威士忌①

制造威士忌麦芽
向专门的制造商订制

不管是单一麦芽还是调和威士忌，都离不开麦芽威士忌。我们先来一起学习威士忌麦芽的制造方法。

麦芽威士忌的原料虽然是大麦，但大麦本身无法发酵，因此需要把大麦放在水中充分浸泡，等待发芽。这个过程会促进大麦里酶的产生，而酶会使大麦里的淀粉转化为糖分。这是非常关键的步骤。

但如果过度发酵，会使酶过度挥发，需要在到达一定发芽程度时中止发芽。为了中止大麦吸收营养的水分，要使用高温烘干麦芽。烘干麦芽的方式，就是燃烧石灰和泥煤，使用热风来烘干大麦中的水分。这样烘干的大麦麦芽称为"Malt"。

制造麦芽的工序，有些酒厂会独立完成，但大部分的酒厂会委托专门制造麦芽的制造商（Malt Star）订购需要的威士忌麦芽。酒厂可以从大麦的种类、烘干的方式、烘干的时间、燃烧泥煤的时间和强度等，完全订制自己想要的威士忌麦芽。

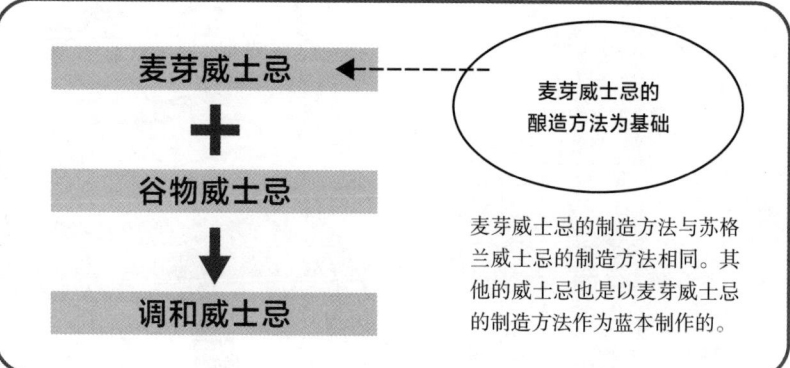

麦芽威士忌的制造方法与苏格兰威士忌的制造方法相同。其他的威士忌也是以麦芽威士忌的制造方法作为蓝本制作的。

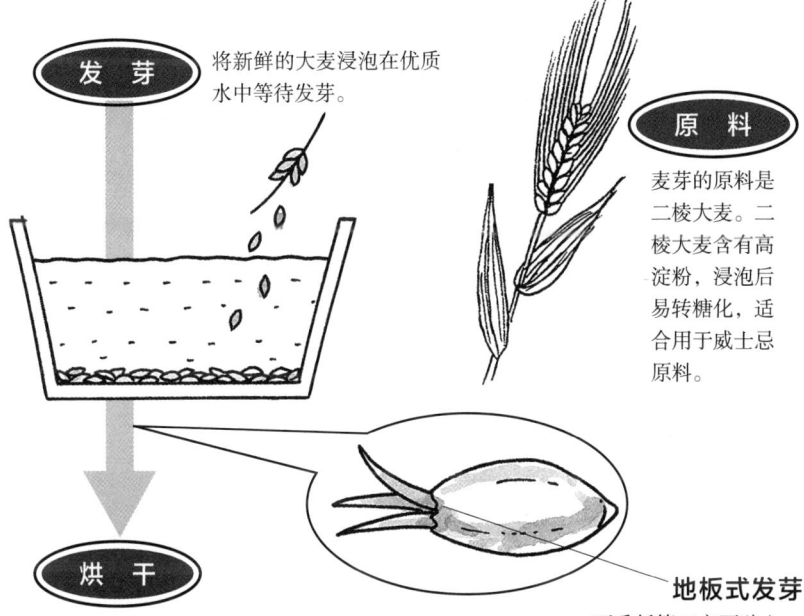

发芽

将新鲜的大麦浸泡在优质水中等待发芽。

原料

麦芽的原料是二棱大麦。二棱大麦含有高淀粉,浸泡后易转糖化,适合用于威士忌原料。

烘干

发芽到一定程度后,为了停止继续发芽而进行高温烘干,抽干水分。烘干麦芽的燃料除了石灰以外,还有使酒液产生特有泥煤香气的泥煤。到这个工序,大多酒厂会委托专门的制造商(Malt Star)根据需要订制。

地板式发芽

不委托第三方而独立使用传统工艺制造威士忌麦芽(发芽-烘干)称为地板式发芽(Floor Malting)。至今还有酒厂坚持这个传统工艺。(见本书第48页)

如果制造谷物威士忌呢?

原料
玉米、小麦等谷物。

发芽·蒸煮
和大麦麦芽一样进行发芽。其他的谷物需要粉碎后进行蒸煮。

如何酿造威士忌②

糖化和发酵

大麦汁发酵为酒精，接触空气令酒体更加轻盈

威士忌麦芽做好以后，就进入制造糖液的工序了。

将烘干的大麦碾碎，加入热水。这时，麦芽中的酵素将淀粉转化为糖分。过滤后生成的糖液，就如同大麦果汁。

大麦发芽时浸泡的水，和在糖化工序中加入的热水水质，决定了威士忌的味道。这些水就像是创造威士忌的母亲，因此被称为"Mother Water（母亲之水）"。从这个名称能够看出，酒厂的水源对于威士忌来说至关重要。

在大麦果汁中加入酶以后，就进入了发酵过程。这时，投入的酵母种类，大麦汁接触空气的多少，都决定了威士忌的风味和个性。例如，大麦汁接触空气的时间越长，口味越清爽，口感轻盈。

到此为止，除了不使用啤酒花（Hop），其他所有的工序都与啤酒相同。

威士忌是"生命之水"，给我们带来能量和元气。

粉碎

将麦芽粉碎。

糖化

将粉碎的麦芽用温水（为了淀粉充分转化为糖分，将优质水加温）倒入糖化槽。麦芽中的淀粉转化为糖分，变成了甜甜的大麦汁。

麦芽

酿造水

甜麦汁

发酵

将麦汁过滤，加入酵母后进行发酵。糖分转化为酒精。

发酵液制作完成

让威士忌更有个性的要点

不同的酒厂，发酵方式会有所不同。这些略微的不同都是决定风味的关键。
- ★发酵槽的不同（木质、不锈钢）
- ★酵母的不同
- ★发酵时间的不同

如果制造谷物威士忌呢？

糖化
将粉碎的大麦和其他谷物中加入温水，制作大麦汁。

发酵
将大麦汁放入发酵槽，加入酵母，进行发酵。

如何酿造威士忌③

蒸馏
不同于啤酒,威士忌独有的蒸馏工艺

威士忌与啤酒和红酒不同之处在于,威士忌是蒸馏酒。

蒸馏,指的是将含有不同成分的液体加热,酒精的沸点比水低,因此会先蒸发成酒精蒸汽,在加热炉顶部的天鹅颈部位重新凝结成酒精液体,冷却后就得到了低度酒,酒精含量在10%~20%左右。通常会进行两次蒸馏。用于蒸馏的壶式蒸馏锅(Pot Still),也被译为单式蒸馏器。单式蒸馏器的形状和大小,根据酒厂情况会有所不同,但每一个都是100%纯铜手工制作。铜器本身具有消除异味和硫磺化合物的作用。

蒸馏

经过发酵的发酵液倒入蒸馏器中，加热并蒸馏。第一次蒸馏（初馏）的酒精度低，味道也不够细腻，会再次进行蒸馏（再馏），将酒精度数调整到 70% 左右。

单式蒸馏器 提灯型

→ **去往冷却装置**

莱恩臂（回流器）
蒸馏器和冷却装置的管道，蒸汽的管道通路。

鹅颈或头
酒精蒸汽流通的管道。

天鹅颈
衔接蒸馏器和莱恩臂的曲线部分。

壶体
蒸馏器的主体部分。

世界上没有一模一样的蒸馏器

每一个蒸馏器都是手工制作而成的，因此大小和形状各有不同。蒸馏器的形状、大小也决定了威士忌的风味。

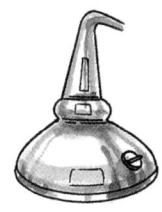

鼓出型
有两处窄细部位，因此接触空气的面积大。能够制作出清爽而淡雅的美酒。

直线型
能够提炼出除了酒精以外的更多成分。能够制作出复杂多样的酒质。

如果制造谷物威士忌呢？

蒸馏
将蒸馏液倒入连续蒸馏器中进行蒸馏。

连续式蒸馏器
谷物蒸馏器是将数个单式蒸馏器衔接为一体的蒸馏器。一次完整的蒸馏可将酒精浓度提升到大约 90%，制作出更加纯净、轻盈的酒液。

如何酿造威士忌④

陈酿
在木桶中沉睡时，酒液会慢慢变成琥珀色

经过蒸馏后提炼出的威士忌酒液要加水稀释到最适合陈酿的62%~63%vol。经过重重筛选的酒液终于进入木桶中进入长眠。这时使用的木桶一般是白橡木桶。白橡木桶的木质很硬、耐久性强，它还可以给酒液带来丰富成分的风味。

威士忌在白橡木中会发生各种各样的变化。白橡木桶采用天然木材，随着气候的变化会冷胀热缩。说得通俗一点，就好比橡木桶在呼吸，呼气和吸气就是呼出橡木桶中的香味和成分，吸进酒液中多余的成分，蒸发到桶外。水、氧气、酒精的联手，使酒液更加圆润、顺滑。酒液经过长期在橡木桶中浸泡后，木桶中的单宁会使其缓慢变成美丽的琥珀色。

橡木桶呼吸时，酒液也会慢慢蒸发。苏格兰人将这些流失的酒液称为"天使偷尝的佳酿"，真是浪漫极了。虽然馋嘴的天使喝掉了一部分酒液，但经过陈酿，沉睡中的酒液终于变成了美味的威士忌。

需要钥匙的酒和不需要钥匙的酒

威士忌，在拉丁语中意为蒸馏酒，是由最早的盖尔语"生命之水"演变而成。虽然发音同是威士忌，如果写作英文文字，在苏格兰是"WHISKY"，在爱尔兰则是"WHISKEY"。第二种写法中的"KEY"意味钥匙，因为爱尔兰人认为威士忌是"附有钥匙的酒"，波本的英文中也带有字母E。

加上字母E，是因为被誉为威士忌元祖的爱尔兰想要表示"我们和苏格兰不一样"，苏格兰的威士忌一词则没有字母E。

日本和苏格兰的威士忌一词中没有"E"。

木桶陈酿

将蒸馏液酒精度调整到适合陈酿的62%~63%vol（加水稀释）。将稀释好的蒸馏液灌入白橡木桶中开始陈酿。橡木桶的大小和储藏库的环境决定了陈酿后的风味。

陈酿后酒液的变化

★ 口感更佳圆润
★ 增加香气
★ 增加颜色
★ 去除杂味

天使偷尝的佳酿

工人们将陈酿过程中蒸发减少的酒液称为"天使偷尝的佳酿"。陈酿中根据木桶呼吸程度，一年中大约会蒸发2%~3%左右。

融入环境的风味

长期的陈酿和缓慢的挥发过程中，木桶也会吸入外界的空气。如果储藏库位于山间，陈酿出的酒液就会有清凉的草木气息和花香。如果在海边，就会有潮水的香味。

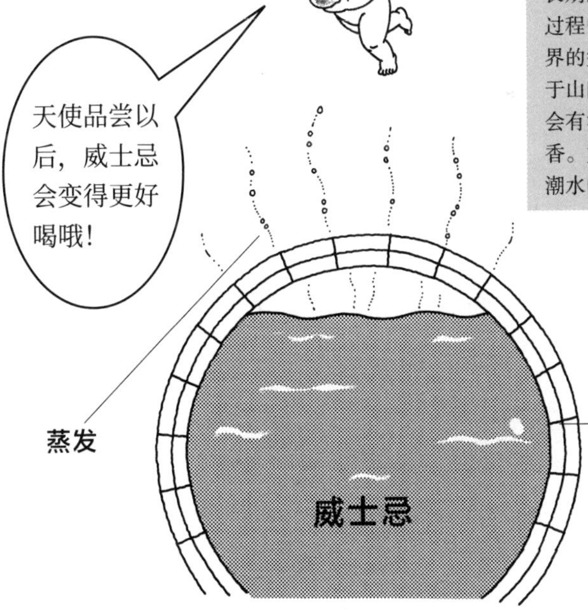

天使品尝以后，威士忌会变得更好喝哦！

蒸发

威士忌

陈酿桶（截面图）

167

如何酿造威士忌⑤

调配和装瓶
让美酒成为艺术品的关键时刻

木桶的沉睡期非常漫长。苏格兰威士忌的陈酿至少需要3年,甚至10~20年。经过长眠醒来的麦芽威士忌还需要繁琐的工序才能最终到达我们的酒杯中。

一部分的酒液会作为单一麦芽威士忌,直接装瓶。另一部分会作为调和威士忌备用。如果是单一麦芽威士忌,有些会只装源自同一个木桶的酒液(Single Cask / Barrel),还有些是与同一批木桶酒进行混合。有的威士忌会增加一道工序,以零度低温进行过滤来去除杂质,有些则不会。

如果是作为调和威士忌装瓶,有些酒会加入谷物威士忌调配后,再次灌装回木桶。一般来说,酒厂会根据自己的需要来装瓶出售。其他的部分会作为调配型酒卖给其他公司。虽然说是"卖",但酒厂会先把调和型酒按照购买公司的年数要求进行陈酿,之后再出货。

经过陈酿的威士忌变成什么样的商品,都取决于生产者的手艺。

废话不多说,直接喝就好。如果好喝的话,一句"好酒!"就足以证明。

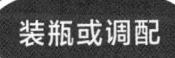

经过陈酿的麦芽威士忌会根据下图进行调配和装瓶。

达到陈酿最高质量时期的麦芽威士忌

单一麦芽威士忌
（Single Malt）
在一个酒厂（A 酒厂）酿造的麦芽威士忌。

加入 B 酒厂的麦芽威士忌

加入出自各个酒厂的麦芽威士忌

单桶装瓶威士忌
（Single Cask）
仅从一个木桶中取出酒液装瓶。根据木桶的大小，也称为 Single Barrel。

混合纯麦威士忌
（Vatted Malt）
将数个酒厂的麦芽威士忌进行调配而成。

加入谷物威士忌

均为麦芽威士忌

调和威士忌
将数个酒厂的麦芽威士忌和谷物威士忌进行调配而成。

饮用方法推荐

四种基本的饮用方法
越简单，越讲究

晚餐后的休息时刻，若能够在客厅读书，或者看着电影喝点威士忌，实在是件惬意的事。如果是夏天，傍晚坐在床边，吹着微风，品尝威士忌也不错。

饮用威士忌没有特定的规矩。高酒精度的威士忌经常被认为是餐后酒，但餐前饮用或作为随餐酒也是非常好的选择。不妨将自己最喜欢的威士忌和食物做搭配，找出最适合自己味蕾的搭配。

拥有独特香气和口味的单一麦芽威士忌，在饮用时最好不要改动它的本性。相反，调和威士忌有多种饮用方式也是它本身的魅力。饮用方式有直饮、兑水、加冰、兑苏打水，冬天还可以尝试热威士忌。

无论是一人独酌、与恋人共饮，还是和朋友分享，在不同的季节，不同的场合，寻找你喜欢的饮用方式吧。

根据不同款式、个人喜好、季节变换、身体状况，可以改变多种饮用方式，这就是威士忌有趣的地方。

直饮的要点

倒入适量的酒
在较小的玻璃杯中倒入三分之一左右的威士忌。如果倒太多的话,会妨碍威士忌香味的扩散,影响后续的兑饮。

配一杯水
在大一些的杯子中放入冰块和矿泉水,以缓解威士忌给喉咙与舌头带来的灼热感。

还有更多搭配
牛奶、乌龙茶、啤酒等都可以当作配饮的液体(Chaser)使用。Chaser字面的意思是"追赶者",是指与威士忌交替饮用的饮料。可以尝试不同的品种哦!

冰饮(On The Rock)的要点

使用大的冰块
相对大一点的冰块不容易融化,可以尽量选择硬度高的冰块。

倒入三口就可以喝完的量
冰块随着时间融化后,会过度稀释威士忌。一般推荐倒入少量的威士忌,在冰块融化前尽快饮用。

冰饮时,也可以准备一杯 Chaser 同饮

饮用方法推荐

水割法的要点

不加冰块的水割法
可以将矿泉水冷藏后，代替冰块来稀释威士忌。可以避免冰块过度融化而导致过度稀释酒液。

加入矿泉水，轻轻搅拌。

玻璃杯中放入冰块，倒入三分之一容量的威士忌。也可以根据喜好改变兑饮比例。

"来，我们喝一杯吧！"
如果每晚都有能陪我喝酒的人，该有多幸福啊！

「高杯酒（Highball）的要点」

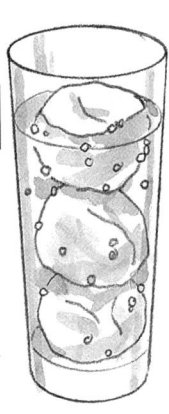

不要搅拌过度
碳酸的过度挥发会影响口味，所以不要过度搅拌。

和水割法相同，在玻璃杯中加入三分之一容量的威士忌后加入苏打水。

除了苏打水之外还有更多选择

巴黎水（Perrier）
一种天然有气矿泉水。含有天然矿物元素，低镁。口感更加清爽。

汤力水（Tonic water）
在苏打水的基础上加入了柠檬、青柠等柑橘类水果提取液和糖分。虽然是无色透明的汽水，也略带清爽的香味。

更多享用威士忌的方式

悬浮式威士忌（Whisky Float）

是一种矿泉水和威士忌构成的二层式威士忌。首先，将矿泉水倒入杯中，大约一半的量。再沿着搅拌棒将威士忌缓缓倒入。

> 每喝一口，都有不同变化。

同等量水兑饮（Twice Up）

适合作为盲品的饮用方式。在类似于红酒杯的窄口玻璃杯中倒入常温的威士忌和同等量的水（常温）。

> 常温饮用，是为了感受香气。

热威士忌（Hot Whisky Toddy）

微甜，是加温饮用的方式。在耐热玻璃杯加入少量的热水和方糖，将方糖融化。玻璃杯中加入威士忌，根据自己的喜好调制比例，将柠檬切片作为点缀，漂浮在酒上。

> 还有暖身助眠的效果呢！

冰和水

做一杯美味的兑饮威士忌
小小的细节决定了味道的优劣

调配师精心酿造的威士忌，我们在品尝的时候稍微费点心思，就可以把美味的威士忌发挥到极致。

如果是加水或冰块兑饮，那么水质就变得尤为重要了。当然，要避免使用自来水和自来水做成的冰块，因为自来水中含有石灰质，会破坏威士忌的风味。

兑饮时，最适合的水质是与酿造水相同的水质。如果是苏格兰威士忌，最好使用苏格兰的水来兑饮，但在日本很难买到苏格兰产的矿泉水。庆幸的是，日本的矿泉水与苏格兰的水质非常相近，同样是软水。相反，欧洲大陆的水是富有矿物质的硬水，因此与苏格兰威士忌是不相配的。

冰块的作用不只是降低威士忌的温度，还有触碰玻璃杯时发出清凉的碰撞声。为了冰块不会过度稀释威士忌，最好使用硬度高、不易融化的冰块。可以在家把矿泉水冷冻后做成冰球，也可以购买专业的威士忌冰球。

如果在家制作冰块

在家时，如果想加水或加冰块兑饮，含有石灰质的自来水或者是易融化的冰块会大大降低威士忌的口感和风味。如果想要喝一杯美味的威士忌，不如精心准备水和冰块。

首先，使用矿泉水在制冰机制作冰块。将制作好的冰块放入塑料袋中，再次放入冰箱进行冷冻。经过两次冷冻，冰块中的气泡会逐渐减少，增加硬度。也可以做一块大一点的冰砖，品尝威士忌时砸碎取用。

当然，还要注意冰箱内的卫生，避免冰块吸收冰箱内食品的味道。

这样一来，在家也可以享用美味的威士忌。

对水质精益求精

好喝或不好喝，水质起到了关键作用

如果在家里想品尝美味的威士忌，要选用适合兑饮的水。避免使用自来水，最好使用矿泉水。

选择与威士忌酿造水相同水质的水

如果选用与威士忌的酿造水（见本书第37页）相同硬度的矿泉水，就可以将威士忌的味道发挥到极致。下面我会介绍几款能够在日本超市买到的矿泉水，作为参考。

在市面上出售的几款矿泉水

软水 ↑ 硬度 ↓ 硬水

- 南阿尔卑斯天然水
- 六甲美味水
- 高地天然矿泉水（Highland Spring）
- 法国依云矿泉水（Evian）
- 法国富维克矿泉水（Volvic）
- 法国康婷矿泉水（Contrex）

稀释饮用的诀窍，就在于水的使用。

不同的大小有不同的用处

冰块的大小与形状不同，会影响融化速度与冷却程度。可以搭配饮用方法来选择。

冰球（Lump of Ice）

拳头大小的冰球。不易融化且美观。主要用于冰饮。

碎冰（Cracked Ice）

3~4厘米的碎冰，在超市可以买到。可用作加水兑饮。

方冰块（Cube Ice）

可用制冰机做出的方冰块。可用作加水兑饮。

冰渣（Crashed Ice）

捣碎冰块后，变成细小的冰渣。适用于薄荷朱利酒（见本书第183页）等想要充分冷却酒液时使用。

酒杯

酒杯改变风味
接触口唇的位置杯体越薄，口感越顺滑

威士忌没有"一定要用这种杯子"的特定规矩。品尝威士忌时，当然可以用平时自己喜欢的酒杯，不过如果了解关于威士忌和酒杯的搭配，你可以感受更多的品酒乐趣。

如果想认真品尝单一麦芽威士忌，推荐使用郁金香形（杯口缩紧）的酒杯。这种形状的酒杯可以把香气锁在杯内，香味更加鲜明。

一般来说，直饮的话使用子弹杯（烈酒杯），加水兑饮使用坦布勒杯，加冰块兑饮的话要配上老式杯。

不只是形状，酒杯的薄厚也有很大的关系。杯壁薄的酒杯触感轻柔，饮用威士忌时口感圆润。如果使用直径比较大的杯子，触碰唇间面积大，会一口喝进大量的威士忌，无法细细品尝风味。也可以说，细杯口的酒杯，更加适合品尝威士忌。不妨多换几个杯子品尝，更能够看出风味的微妙变化。

寻找喜爱的自用酒杯

正因为是自用的酒杯，不妨奢侈一些。威士忌酒杯有许多知名品牌，例如法国的巴卡拉（Baccarat）、圣路易（Saint Louis）、德国的迈森水晶（Meissener Bleikristall）、日本的镜水晶（Kagami Crystal）等。

除此之外，还有总部位于苏格兰，在世界十四个国家设有分部的威士忌爱好者俱乐部（Scotch Malt Whisky Society）推出的酒杯，以及里德尔（Riedel）公司推出的制作精良的"单一麦芽威士忌水晶红酒杯"，非常适合用来品鉴威士忌。

真是奢侈的体验啊！

各式各样的酒杯

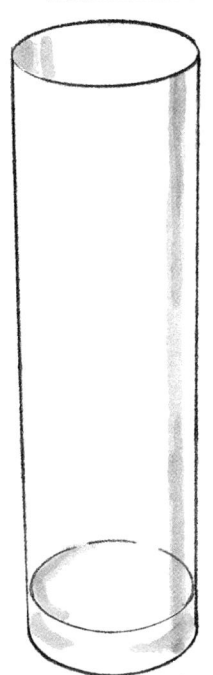
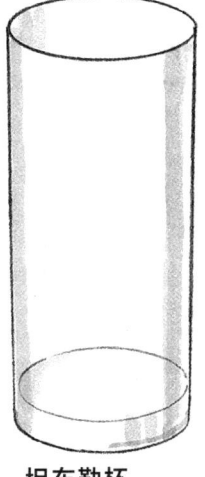
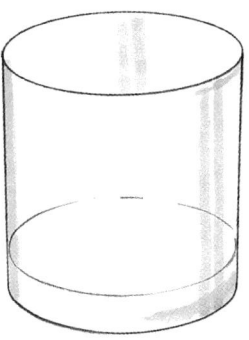

经典威士忌杯
（Old-Fashioned Glass）
适合手握大小的老式杯。可以用作直饮、加冰、加水等。相对男性化的威士忌杯。

坦布勒杯
（Tumbler）
常规的直筒杯。

柯林杯
（Collins Glass）
比坦布勒杯更细、杯体更长。

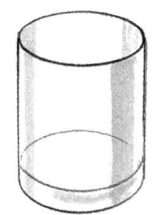

子弹杯 / 烈酒杯
（Short Glass）
用于直饮的杯子，杯体较小。子弹杯有两种容量：单杯容量的 30ml 和双倍的 60ml。不止容量大小不同，市面上还有多种形状和切面的子弹杯。

鸡尾酒杯
（Cocktail Glass）
调制曼哈顿等，适用于分量较少的鸡尾酒。

郁金香形酒杯
（Tulip Glass）
香气、口味更加鲜明，适用于品鉴。大多为红酒杯与闻香杯。

177

酒吧

成为酒吧里的优雅酒客
在吧台要做绅士淑女

除了在家品尝威士忌之外,在酒吧与其他的酒客聊天共饮,也是品酒的乐趣。酒吧拥有丰富的威士忌品牌,可以尝试不同种类,比购买整瓶要更加实惠。

一般来说,大部分酒店内的酒吧会有高格调、品种齐全的威士忌酒,街巷里的酒吧从老店铺、休闲酒吧到享受气氛的酒吧等等,层出不穷。

选择哪一家店品尝威士忌,当然是饮者的自由,不过想喝一杯好的威士忌有一个要点,就是看准酒吧是否有优秀的调酒师。好的调酒师会在进货时根据自己的经验来备货,对威士忌的酒知识也有一定的了解。有些调酒师只提供单一麦芽威士忌,也能趣味无穷。

酒吧除了品尝威士忌之外,还是绅士淑女聊天的地方。切记不要喝醉酒后大声喧哗,影响周围的客人。如果酒吧的客人增加,适当的让位离开,也是一种礼仪。

如果想来点下酒菜

威士忌的经典搭配,就是坚果。其实,除了坚果之外,还有更多好吃的搭配。

例如,被称为红酒之友的奶酪,与威士忌也很相配。如果是苏格兰产的天然芝士,与苏格兰威士忌堪称绝配。

如果品尝烟熏味较重的威士忌,可以搭配烟熏芝士、烟熏三明治也是非常不错的组合。

此外,除了咸味的下酒菜以外,巧克力、香草冰激凌等奶油类的高热量甜品也非常适合与威士忌搭配。

最好的下酒菜应该简简单单。

寻找好酒吧的三个要点

选一家有经验的调酒师的酒吧。最好先去尝试专门做威士忌的酒吧,知名酒店或知名老铺的备货会相对齐全。还可以去尝试比较特殊的酒吧,例如只提供单一麦芽威士忌的酒吧等。

寻找一个除了能够提供美酒,服务也很周到,能够营造轻松的品酒环境的调酒师。

气氛
有的酒吧适合一个人静静品尝,还有休闲的、热闹的酒吧等等。从客人的年龄层和消费水平,以及调酒师的年龄都可以逐渐筛选出自己喜欢的酒吧。

在酒吧品酒的基本礼仪

 鸡尾酒①

短饮款鸡尾酒
保持低温，尽快饮用

威士忌经常作为鸡尾酒的调配基酒使用。

例如，有一款罗伯罗伊（Rob Roy）鸡尾酒，是为纪念反抗贵族欺压的苏格兰民族英雄罗伯·罗伊而创立，其基酒当然是苏格兰威士忌。

罗伯罗伊是小分量鸡尾酒，它需要饮者在短时间内饮用完，因此配备的酒杯也是小型的鸡尾酒杯。调制鸡尾酒后杯内不会添加冰块，因此最好在杯中酒变成常温之前，在20~30分钟之内饮用完毕。

将威士忌作为基酒调配的鸡尾酒中，没有特殊的调配规则。但是有些鸡尾酒会有规定使用苏格兰、黑麦、波本等指定种类的威士忌进行调制。

一般情况下，以威士忌为基酒调制的鸡尾酒的酒精度数都会比较高，就算是需要短时间内饮用完，也切不可心急、贪杯。

以威士忌为基酒的短饮款鸡尾酒

罗伯罗伊（Rob Roy）

带有泥煤香的轻甜鸡尾酒。酒精度高。

材料
苏格兰威士忌　45ml
甜苦艾酒　15ml
安格斯吉拉药草苦酒　1ml

制作方法
将所有上述材料使用调酒搅拌杯搅拌均匀，倒入鸡尾酒杯。

如果把基酒的苏格兰威士忌换成黑麦威士忌

曼哈顿（Manhattan）

被誉为"鸡尾酒女王"，拥有浓郁的甜香味。酒精度高。

材料
黑麦威士忌　45ml
甜苦艾酒　15ml
安格斯吉拉药草苦酒　1ml

制作方法
将所有上述材料放入调酒搅拌杯搅拌均匀，倒入鸡尾酒杯。

* 摇和法（Shake）：将材料和冰块放入摇杯中，摇晃至均匀。
* 调和法（Stir）：将材料放入调酒搅拌杯中，用调酒勺搅拌至均匀。

丘吉尔（Churchill）

甜酸味鸡尾酒。酒精度略高。取自英国前首相之名。

材料
苏格兰威士忌　45ml
君度橙酒　10ml
甜苦艾酒　10ml
青柠汁　10ml

制作方法
将所有上述材料放入摇杯中，摇晃均匀，倒入鸡尾酒杯。

纽约客（New Yorker）

拥有清爽的青柠香，口味甜且辛辣。酒精度略高。

材料
黑麦威士忌　45ml
青柠汁　10ml
石榴糖浆　约5ml

制作方法
将所有上述材料放入摇杯中，摇晃均匀，倒入鸡尾酒杯。

老伙计（Old Pal）

材料
黑麦威士忌　45ml
干型甜苦艾酒　20ml
金伯利　20ml

制作方法
将所有上述材料放入调酒搅拌杯搅拌均匀，倒入鸡尾酒杯。

拥有清爽的青柠香，口味甜且辛辣。酒精度略高。

 鸡尾酒②

长饮款鸡尾酒
放慢节奏，品味悠缓的乐趣

　　与小分量威士忌相比，长饮威士忌（Long Drink）要慢慢花时间品尝。长饮酒如其名，使用大号的鸡尾酒杯，饮用时间较长。大多添加冰块或碳酸饮料。最佳饮用时间为半小时。

　　长饮款鸡尾酒的代表约翰柯林（John Collins），是与柠檬汁和碳酸饮料调制的一款威士忌。这款鸡尾酒由伦敦一家酒吧的服务员约翰·柯林发明。不过这款酒最早是以荷兰琴酒为主要调配，后来逐渐演变成威士忌为主要调配酒。若是以琴酒作为调配酒，就是"汤姆柯林"；若是以波本作为调配酒，就是"上校（Colonel）柯林"。根据不同的调配酒，有不同的名称。

　　除了冷鸡尾酒，还有热鸡尾酒。加温的威士忌（见本书第173页）有暖身功效，也会被当作感冒药饮用。就像日本的传统卵酒，是作为治疗感冒的酒饮料。如果感觉自己身体不适，不妨做一杯热威士忌预防感冒。

以威士忌为基酒的长饮鸡尾酒

古典鸡尾酒（Old-Fashioned）

一百多年以前，源自肯塔基州的鸡尾酒。饮用时可用手挤杯口的装饰水果，品尝增加果汁后的风味变化。高酒精度。

材料
波本或黑麦威士忌　45ml
方糖　1块
安格斯吉拉药草苦酒　约2ml
橙子切片　适量

制作方法
将所有上述材料放入盛有冰块的酒杯中，充分搅拌。

生锈钉（Rusty Nail）

酒精度高。其中的杜林标甜酒是以苏格兰威士忌为基酒的甜酒。

材料
苏格兰威士忌　45ml
杜林标甜酒　20ml

制作方法
将所有上述材料放入盛有冰块的酒杯中，充分兑和。

如果把杜林标甜酒换成杏仁香甜酒……

教父（God Father）

富有杏仁香，酒精度高。配料中含有杏仁甜香酒。

材料
威士忌　45ml
杏仁香甜酒　15ml

制作方法
将所有上述材料放入盛有冰块的酒杯中，充分兑和。

薄荷朱利酒（Mint Julep）

薄荷的清爽口感和满杯的冰渣，让人神清气爽。酒精度略高。

材料
波本　60ml
糖浆　10ml
水（或苏打水）约10ml
薄荷叶　适量

制作方法
薄荷叶放入酒杯底部，加入糖浆轻轻捣碎。加入半杯碎冰，倒入波本。充分搅拌后，最后插入吸管，薄荷叶作为装饰。

* 兑和法（Build）……将所要混合的鸡尾酒的主、辅料直接倒入杯中。

爱尔兰咖啡（Irish Coffee）

材料
爱尔兰威士忌　30ml
糖浆　约5ml
热咖啡　适量
奶油　适量

制作方法
将所有上述材料放入酒杯中，进行兑和。将打发好的奶油缓慢倒入，作为装饰。

打发好的奶油与咖啡、威士忌的美妙融合，口味香醇。酒精度偏低。

热饮

结束语

"爱喝酒的人,没有坏人。"

这句是我常去的苏格兰酒吧老板说过的话。这家酒吧不管有没有客人,到了十点,所有店员都会下班回家,剩下的客人把自己喝过的酒写在纸条上,改天店员上班了再付钱。

我问老板怎么可以这么信赖客人,他的回答便是刚刚那句话。威士忌的圣地苏格兰,真是宽大为怀。这就是为什么每当我去英国旅行,从不光顾大英博物馆等名胜古迹,而选择跑去爱丁堡、艾雷岛、奥克尼群岛等地,边走边品尝地道的威士忌。

如果问我平常在日本怎么喝威士忌,那真的是每天都在喝。红酒、鸡尾酒、烧酒……只要是酒,我都喜欢,但唯独威士忌不需要下酒菜。如果品尝威士忌,我只想纯粹地享受它本身的香气和味道。

对于我来说,最幸福的就是下班后来上一杯。一个人抿着美酒,或是多人尽兴地共饮,我都非常喜欢。先喝几杯啤酒和鸡尾酒后,最后来一杯酒精度高一点的威士忌,一口喝下去,能感受到酒液渗透全身,充满了幸福感。怎么说呢,就是一种"满足了"的感觉。

最后一杯酒,我只喝威士忌。

威士忌的魅力不仅仅在于味道,收藏威士忌也是威士忌爱好者的乐趣之一。不,或许是一种强迫症,总感觉现在不买的话,以后就买不到了。所以一想到"这个味道我可能以后喝不到了",别说一瓶,我会买上好几瓶囤起来。如果买一件衣服花费10万日元(约人民币6000元),我可能会犹豫不决,但威士忌的话我会果断买下来。但我不是纯粹的收藏家,所以我买到手会马上打开品尝,然后再去购买。

当然，我也有特别喜爱、当作宝贝一样珍藏起来的威士忌。忘了是什么时候，跟我的妻子吵架，她拿出我秘密珍藏的"格兰冠38年"，嚷嚷着非要打碎它。看到这个阵势，我马上端正态度向妻子赔礼道歉："对不起，我错了。"从那以后，我秘藏威士忌的技术不断提高，甚至连我自己都不记得藏到了哪里。威士忌还有一个好处，就是它没有红酒那么娇气，储存方式相对容易。

对于我来说，品尝威士忌的重要之处，就是时刻有自己的一个标杆。想要创造自己的标杆，就选择一款自己喜爱的威士忌，集中地去饮用它，让你的味蕾牢牢地记住这个味道。从此以后，你品尝任何威士忌都可以把自己的标杆作为参照物，慢慢就会体会出对威士忌的偏好。选择"标杆"时，最好是有独特个性的单一麦芽威士忌，例如我选择的就是艾雷岛的麦芽威士忌。

如果品酒知识仅仅只在酒标上，知识面会过于单薄。让你的身体学会记住威士忌的味道，慢慢你就会把这些知识变成自己的东西。当你发现自己喜欢的威士忌时，不一定要每天饮用，但可以三天喝一次，或者定期饮用，让身体记住威士忌的味道。

威士忌的风味，就算是同一个品牌，根据蒸馏年份、陈酿年数、木桶种类也有不同，可以说，每一瓶都有它独一无二的味道。

希望拿起这本书的你，可以花时间去慢慢拓展威士忌的世界。愿我的书能够在所有读者学习威士忌的过程中助一臂之力。

在本书的创作过程中，幻冬舍的福岛广司先生、铃木惠美小姐给予了我极大的帮助，在这里我要对他们表示诚挚的谢意。

二〇〇四年九月

古谷三敏

索引

威士忌名、酒厂名

A

阿贝…20、41、46、47、53、71
艾伯塔…129、133
爱尔兰绿点…100
艾伦…61
爱威廉斯…112、113
爱汶山…112

B

巴斯海登…109
白马…46、50、88、89
白橡木桶皇冠…156
白州…140、141、147
百龄坛…46、59、69、70、71、73
邦纳海贝因…53、74、77
贝克…109
波摩…20、28、30、48、49、53、65
波士顿俱乐部…157
波特艾伦…53
布莱德诺克…64
布兰顿…106、107
布鲁克莱迪克…53
布克斯…108、109
布什米尔…94、96、97、100

C

超级一甲…153

D

大摩…20、27、41、60、84
蒂尔康奈…100、101
登喜路…92

F

菲特凯恩…91

G

高原骑士…20、28、37、48、58、59、77
戈登高地人团…79
格兰爱琴…89
格兰伯奇…71
格兰杜伦…85
格兰菲迪…20、24、25、30、31、37、78、79
格兰冠…30、38、63、65
格兰花格…20、28、29、38
格兰杰…20、30、37、42
格兰金奇…27、57
格兰罗塞斯…28、74、77
格兰莫雷…38
格兰萄彻斯…87
格兰契斯…72
格兰斯佩…81
格兰塔…45、66
格兰威特…20、30、34、35、37、38、41、64
格里沃…100
宫城峡…149、151
古代…107

H

哈帕…116、117
鹤…149、152、153
黑白狗…89
黑标一甲…150、151

皇冠…132
皇家蓝勋…20、44
皇家礼炮…73
皇室家族…86、87

J

家豪…30、83
加拿大俱乐部…130、131
基尔伯根…100
杰克·丹尼…126、127
杰克·丹尼绅士…127
金马秩父…156
金马武藏…156
金世兰…153
角瓶…144、145
驹岳马尔斯麦芽…156
J&B…80、81

K

卡尔里拉…53、64
康尼马拉…100、101
克莱根摩…20、27、37、85
克莱拉齐…88、89
库力…94、100、101

L

拉弗格…20、48、52、53、71
拉加维林…20、27、50、53、83、88
朗格罗…54、64
老奥弗霍尔德…119
老伯威…14、18、26、84、85
老林务官…110、122、123
利磨坊…57

利默里克…98
罗伯特布朗特调…157
洛坎多…38、81
洛克…100、101

M

马基里根…100
麦格雷戈家族…79
麦克亚当斯…129
迈拉斯特选珍藏…101
米德尔顿…94、98、99、100
米尔顿达夫…71

N

诺不溪…109

O

欧本…27、45
欧肯特轩…20、56

P

普莱特·沃雷…117

Q

轻井泽…154、155

S

三得利 OLD…145
山崎…120、121
盛贝本…38
施格兰…133
施格兰七冠…104
时代…110、111、122
史特斯密尔…81

双狮…90、91
斯卡帕…59、65
斯特拉塞斯拉…20、28、36、63、72
四玫瑰…114、115
顺风…18、46、74、89
苏格登…81

T

泰度…74、77
泰斯卡…20、48、54、55
图拉多…98、99
托利斯…142
托明多尔…91

W

王子苏格兰威士忌…92
威凤凰…119、124、125

X

响…146、147
新月…157

Y

雅伯莱…20、22
伊利亚克瑞格…112
永恒…156、157
余市…148、149、151

Z

占边…108、118、199
知更鸟…98
芝华士…14、36、72
尊美醇…98、99
尊尼获加…18、82、83、89
尊荣极品…83
朱拉岛…61

封面漫画：古谷三敏
正文漫画：《BAR·柠檬之心》（双叶社）
插图：押切令子

参考文献

● 资料协助

《ST.SAWAI ORIONZ》东京都中央区银座 7-3-13 新银座大楼 10 楼
藤泽伦显
元木阳一（艾雷岛酒厂、BUTT LODGE 负责人）
落合省悟

● 参考文献

《ALL THAT BOURBON》森下贤一 著（Natsume 社）
《BAR·柠檬之心 酒大事典》古谷三敏 +Family 策划 全通企划株式会社 著（双叶社）
《威士忌奇谭集》JAN·REI 著 榊原晃三 译（白水社）
《威士忌之源苏格兰 寻找名酒 CELTIC》武部好伸 著（谈交社）
《威士忌名酒事典》桥口孝司 著（新星出版社）
《肯塔基州波本纪行》东理夫 著 菅原千代志 摄影（东京书籍）
《The Scotch 百龄坛 17 年物语》格雷厄姆·诺恩 著 田边希久子 译（TBS Britannica）
《三得利季刊 第 64 号 第 17 卷 4 号》（三得利）
《三得利季刊 第 67 号 第 18 卷 3 号》（三得利）
《单一麦芽威士忌铭酒事典》桥口孝司 著（新星出版社）
《新版·调酒师手册》福西英三 花崎一夫 山崎正信 著（柴田书店）
《苏格兰威士忌物语》森护 著（大修馆书店）
《苏格兰三昧》土屋守 著（新潮社）
《苏格兰之旅》平择正夫 著（新潮社）
《苏格兰单一麦芽》加藤节雄 土屋守 平泽正夫 北方谦三 桥口孝司 著（新潮社）
《世界威士忌纪行 从苏格兰到东之国》立木义浩 菊谷匡祐 著（同文书院）
《世界之酒 5 苏格兰威士忌》井上宗和 著（角川书店）
《世界之名酒事典 2004 年版》（讲谈社）
《世界之名酒事典 2003 年版》（讲谈社）
《零知识开始的鸡尾酒 & 酒吧入门》弘兼宪史 著（幻冬舍）
《美酒 & 雪茄 成年人的嗜好 魅力和世界》深代彻郎 春山彻郎 著（三心堂出版社）
《波本最新目录》竹内弘直 监制（永冈书店）
《调和威士忌大全》土屋守 著（小学馆）
《麦芽威士忌聚会》迈克尔·杰克逊 著 土屋守 监制 土屋希和子 译（小学馆）
《麦芽威士忌大全》土屋守 著（小学馆）
《红酒和洋酒的小故事》藤木义一 著（第三书馆）

＊洋酒品牌、洋酒经销商在创作过程中提供了极大的帮助。在这里表示诚挚的谢意。

图书在版编目（CIP）数据

酒吧里的威士忌课 / (日) 古谷三敏著；(日) 千叶万希子译. -- 天津：天津人民出版社, 2019.7
ISBN 978-7-201-14777-2

Ⅰ.①酒… Ⅱ.①古… ②千… Ⅲ.①威士忌酒—基本知识 Ⅳ.①TS262.3

中国版本图书馆CIP数据核字(2019)第111429号

CHISHIKI ZERO KARA NO SINGLE MALT & WHISKY NYUMON
Copyright © MITSUTOSHI FURUYA, GENTOSHA 2004
Chinese translation rights in simplified characters arranged with GENTOSHA INC. through Japan UNI Agency, Inc.

本书中文简体版由银杏树下（北京）图书有责任公司版权引进。

版权登记号：图字02-2019-77

酒吧里的威士忌课
JIUBALI DE WEISHIJIKE

[日] 古谷三敏 著；[日] 千叶万希子 译

出　　版	天津人民出版社	出 版 人	刘　庆
地　　址	天津市和平区西康路35号康岳大厦	邮政编码	300051
邮购电话	（022）23332469	网　　址	http://www.tjrmcbs.com
电子信箱	reader@tjrmcbs.com		
出版统筹	吴兴元	编辑统筹	王　顿
责任编辑	伍绍东	特约编辑	刘　悦　韩　伟
营销推广	ONEBOOK	装帧制造	墨白空间·李珊珊
印　　刷	北京天宇万达印刷有限公司	经　　销	新华书店经销
开　　本	720毫米×1030毫米 1/32	印　　张	6
字　　数	123千字		
版次印次	2019年7月第1版　2019年7月第1次印刷		
定　　价	36.00元		

后浪出版咨询（北京）有责任公司 常年法律顾问：北京大成律师事务所
周天晖 copyright@hinabook.com

未经许可，不得以任何方式复制或抄袭本书部分或全部内容
版权所有，侵权必究

本书若有质量问题，请与本公司图书销售中心联系调换。电话：010-64010019